HTML5

跨平台游戏设计

从入门到超人气游戏开发实战

白乃远 吴苑瑜 曾奕霖 编著

清华大学出版社

北京

本书版权登记号：图字 01-2016-1440

本书为碁峰资讯股份有限公司授权出版发行的中文简体字版本。

内 容 简 介

本书由浅入深地从HTML5、CSS3和JavaScript三大基础架构开始讲解，引导读者进入游戏开发的世界。书中除了基本语法介绍，每个学习主题都设计有情境与游戏范例，有利于读者更快了解游戏开发精髓。在进阶章节中，先以一个结合个人履历互动的游戏概念作为创新应用的范例，再引入其他开源游戏引擎与HTML5衔接简化游戏制作的过程教你开发热门的游戏，以及将自己设计开发的游戏零成本发布、行销的技巧。

本书清晰的教学内容、经典的游戏范例、大量的应用素材以及完整的实战教学，可为你增强开发HTML5游戏的竞争力，让你发挥无限的创意。

本书适合于HTML5游戏开发入门者及想转型学习游戏开发的读者阅读，也适合作为HTML5游戏开发的教材和参考书。

图书在版编目（CIP）数据

HTML5跨平台游戏设计：从入门到超人气游戏开发实战 / 白乃远，吴苑瑜，曾奕霖编著. —北京：清华大学出版社，2016

ISBN 978-7-302-43002-5

Ⅰ. ①H… Ⅱ. ①白… ②吴… ③曾… Ⅲ. ①超文本标记语言－游戏程序－程序设计 Ⅳ. ①TP312

中国版本图书馆CIP数据核字(2016)第031108号

责任编辑：夏非彼
封面设计：王　翔
责任校对：闫秀华
责任印制：李红英

出版发行：清华大学出版社
　　网　　址：http://www.tup.com.cn，http://www.wqbook.com
　　地　　址：北京清华大学学研大厦A座　　　邮　编：100084
　　社 总 机：010-62770175　　　　　　　　邮　购：010-62786544
　　投稿与读者服务：010-62776969，c-service@tup.tsinghua.edu.cn
　　质 量 反 馈：010-62772015，zhiliang@tup.tsinghua.edu.cn
印 刷 者：北京富博印刷有限公司
装 订 者：北京市密云县京文制本装订厂
经　　销：全国新华书店
开　　本：190mm×260mm　印　张：19.5　彩　插：8　字　数：525千字
版　　次：2016年4月第1版　　　　　　　　印　次：2016年4月第1次印刷
印　　数：1～3500
定　　价：69.00元

产品编号：067001-01

在移动设备已经成为浏览信息与数字内容智能工具的时代，为了适用于各种不同规格的移动设备，就必须依靠有效且统一的跨平台显示工具，HTML5就是这样的多平台设备时代所需要的新工具。我们团队汇集了多媒体内容设计师、信息工程设计师与跨平台网页设计师，大家在工作中累积了丰富的设计经验，因此决定编写本书，希望能有效地帮助读者了解HTML5开发网页游戏的技术细节并树立重要的设计观念。

HTML5是一组包含HTML5、CSS3和JavaScript网页技术的组合，其优秀的多媒体元素和跨平台能力，改变了移动时代的用户体验。使用HTML5开发游戏的优势，主要是它具备跨平台、标准化的特性。无论是在计算机还是移动设备上，只要使用浏览器就能正常运行，不必再额外安装任何插件。

根据Digital Buzz Blog的统计，用户在iOS和Android上所花的时间中，有32%是在玩游戏。如果使用HTML5语言进行手机游戏的开发，开发者就能创造出可在任何操作系统中运行的游戏，不必为了iOS或Android去学习专门的语言。例如Google Chrome Web Store上可以下载的《愤怒的小鸟》以及《炮塔防御》，就是从iOS平台移植到HTML5上的经典案例。

为了协助读者循序渐进地成为HTML5游戏的开发高手，本书由浅入深，从HTML、CSS和JavaScript三大基础架构开始，引导读者进入HTML5游戏开发的世界，除了基本语句的介绍之外，每个学习主题都会设计情景与范例说明，辅助读者更快地了解HTML5游戏开发的精髓。

在本书的高级章节中，先以一个结合个人履历互动概念的游戏作为HTML5的创新应用示范，接着引入其他开源游戏引擎作为辅助，例如gameQuery、Quintus等，通过游戏引擎与HTML5的衔接简化游戏制作的过程，最后结合Facebook API应用以及游戏发布的技巧，将所设计的HTML5游戏分享出去，不必再经过繁琐的应用程序商店注册与审核过程，零成本就能让您辛苦开发的游戏行销全世界。

综合本书优势，共可分为下列5点：

- 从HTML5基础架构开始介绍，适合第一次接触程序的初学者。
- 每个学习主题包含多种情景与范例，提供了实际演练的机会。

- 超吸引眼球的游戏式互动个人履历教学制作。
- 借力使力不费力，学会应用HTML5游戏引擎轻松开发热门游戏。
- HTML5游戏免费发布技巧大公开，零成本就能让自己开发的游戏行销全世界。

希望通过本书清晰的教学内容、经典的游戏范例、大量的应用素材，以及完整的结构教学，可以真正为您增强开发HTML5游戏的竞争力，让您能够发挥无限创意，不再被程序开发所束缚。另外，由于HTML5仍不断地在更新发展中，对于本书尚未介绍或介绍不周的部分，还请各位读者不吝赐教。

最后，本书的完成要感谢余秉学、黄耀岅、陈盈恩等人对于游戏美术、程序开发的指教与协助。因为有他们的付出与热情，让整个出版过程充满欢笑与正能量，也希望这股对游戏开发的热诚能够传递给所有读者，帮助读者在HTML5游戏开发技巧上能够再上一层楼，以圆游戏制作的梦想。

本书的安装文件和范例下载地址为：http://pan.baidu.com/s/1bomNtON。

如果下载有问题，请电子邮件联系booksaga@126.com，邮件主题为"HTML5跨平台游戏设计——从入门到超人气游戏开发实战下载文件"。

编者

改编说明

　　本书是具有网页游戏策划、设计和开发实战经验的三位专业人士撰写的一部力作，是关于使用 "HTML5 + CSS + JavaScript + 各种网页游戏插件" 设计跨平台网页游戏的实战经验之作。与市面上已经出版的有关 HTML5 的各类书籍相比，本书的内容对于需要着手开发如日中天的跨平台网页游戏的人员来说，就是"酒逢知己千杯少"呀。因为市面上琳琅满目的众多 HTML5 图书，其内容都不外乎是讲解 HTML5 语言结构和网页程序设计，高深一些也只是涉及到 HTML5、CSS 加上 JavaScript 的协作网页开发。

　　然而，本书的核心内容始终围绕着跨平台网页游戏设计这一主题，以设计理论和理念为中心、丰富的范例程序实践为辅助、深入浅出、循序渐进地带领读者进入跨平台网页游戏的开发领域。其内容在目前的市场上还真不易找到，这也是我们改编此台版书以飨读者的重要原因之一。

　　改编有如下几点说明：

　　（1）游戏的开发环境尽量选用最新版本，例如我们使用最新版的 Notepad++ v6.8.2 取代原书的 v6.7。

　　（2）因为原书的写作环境是繁体中文，所以像 Facebook 和 Google 这样的环境大陆目前还没法使用。我们在改编中都尽量把可以替代的部分都换成中文简体环境，例如，用百度替换了 Google 作为搜索引擎，把新闻浏览网站改为"新浪网"。

　　（3）对于篇幅太大无法整体替换的，我们基本保持了原貌。例如，第 14 章我们保留了 Facebook 网路应用的设计思路，大家可以参照这个思路选用我们本地环境的社交网站进行设计。第15章我们保留了 Google 云端存储架设游戏网站的思路和步骤，大家可以参照这个思路和步骤选用本地的云端存储服务来架设游戏网站，例如百度的云端网盘等。

　　（4）各个版本的浏览器对 HTML5 的支持都不太一样，建议大家在使用本书示范程序的时候选用最新版本的浏览器，或者安装对 HTML5 支持比较全面的浏览器，我本人就在电脑中除了安装了 IE 11，还安装了 Opera, Firefox 和 Chrome。不过，建议大家不必全都安装，我自己使用中觉得 Opera 对 HTML5 的支持最令人满意。

赵军

目录

01 游戏设计与HTML5

02 HTML5基础

```
Nav
Header

Steve Jobs

He was an American entrepreneur, marketer, and inventor, who was the co-
founder, chairman, and CEO of Apple Inc.

We are deeply saddened to announce that Steve Jobs passed away.
footer
```

03 CSS3应用

04 CSS3网页小游戏

05 常用的触发事件与组件

06 多媒体播放

07 Web应用

08 网页数据存储

09 学习使用jQuery

10 趣味交互式个人履历网站

作品集　游戏　绘画　网页

11 认识HTML5游戏引擎

12 游戏制作——2D游戏地图

13 游戏制作——仓库番推宝箱

14 游戏制作—— Facebook网络应用

15 HTML5游戏的上线分享

第 1 章
游戏设计与 HTML5

HTML5 受到世人瞩目的契机缘于已故苹果公司的 CEO 乔布斯所发起的公开声明，表示不让苹果公司所生产的移动设备支持"Flash"技术，并以"HTML5"为主要发展方向。这个被苹果公司大力支持的 HTML5，其实是一组包含 HTML5、CSS3 和 JavaScript 网页技术的组合，其优秀的多媒体元素和跨平台的能力，改变了移动时代的用户体验。

在本章中将学到的重点内容包括：

- HTML5 基础知识
- HTML5 开发环境的建立
- HTML5 程序测试与调试技巧

1.1 HTML5 简介

HTML 是什么

自从万维网（WWW 网）在 1990 年兴起以来，我们可以通过计算机中的浏览器看到全世界成千上万的网页信息。随着网页技术的进步，从简单的文字、图片进化到影音、互动多媒体，而负责管理整个网页显示结构的语言，就是超文本标记语言（HyperText Markup Language，简称 HTML），是目前我们随处所见的网页设计标准。也就是说，凡是需要开发网页，就一定离不了 HTML 所制定的架构。

HTML 语言的标准是由 W3C（World Wide Web Consortium）负责制定的。如同所有的程序设计语言一样，即使我们所见的网页里充满各种缤纷的元素，但其实都是用程序代码进行编排的结果。当用户使用浏览器浏览网站时，浏览器内的译码功能会将各个网页的 HTML 程序代码转译成我们所看到的实际画面，将文字、图片等元素分别解析出来。由于所有网页都是以 HTML 框架来设计，所以无论是采用哪家的浏览器，对于相同的 HTML 代码，都会转译出相同的视觉效果。如图 1-1 所示。

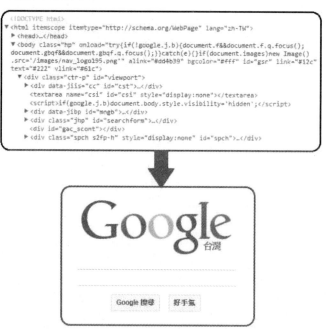

图 1-1　HTML 代码示例和它转译后的网页效果

（注：由于编码中指定采用的是繁体字，故网页显示的是繁体字）

HTML 的缺陷

HTML 自 1982 年开发以来，早期仅仅是为了满足用户在网络上阅读图片、文字等简单静态画面的需求。然而，当时没料到科技以爆炸般的速度进步，硬件设备和网络速度的提升，让用户们开始有了影音、互动多媒体的大量使用需求。即使到了上一代的 HTML4，也是从 1999 年制定至今，在多媒体这块仍然没有太大的突破。这段时间里，国际大厂 Adobe 就顺势推出了"Flash"，只要在浏览器上加载 Flash player 就能处理 HTML 所无法完成的影音、互动需求，但也透露出现有的浏览器已经无法独立处理用户的所有浏览需求。

HTML 5 未推出之前，Flash 在 PC 机浏览器平台上已有高达 99% 的普及率。众多著名的网站例如 Youtube、Facebook 等影音多媒体网站，都大量应用 Flash 技术作为开发的基础，其实用户长期下来也一直习惯采用浏览器附带插件的方式来进行网站的浏览，知名的插件例如 Adobe 的 Flash Player、微软的 Silverlight 和 Apple 公司的 Quicktime 等，相信大家都不陌生。这些插件如图 1-2 所示。

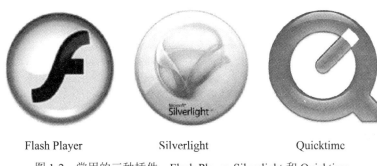

Flash Player　　　　　Silverlight　　　　　Quicktime

图 1-2　常用的三种插件：Flash Player, Silverlight 和 Quicktime

虽然通过在浏览器安装附加插件就可以解决多媒体网页的浏览问题，但必须额外下载插件，这为计算机带来许多潜在风险。尤其是移动时代的来临，浏览网站的平台除了计算机以外，还有各家操作系统不一的移动设备，额外安装插件已经给用户与开发者都带来巨大的不便，于是催生了新一代的 HTML5 革命，重新让浏览器取回浏览网页的主导权。

HTML5 的发展

HTML5 是由万维网联合会（W3C）在 2014 年 10 月所完成的 HTML 最新标准。所谓的 HTML5 标准，其实是一组包含 HTML、CSS3 和 JavaScript 网页开发技术的组合，其优秀的多媒体元素和跨平台能力，改变了移动时代的用户体验。

其实早在 2004 年，HTML5 的概念就已经被 WHATWG 组织提出，当时被命名为 Web Applications 1.0。从这项技术的命名中就可以看出它在战略上要争夺移动应用市场的野心。但事情的转机发生在已故苹果公司的 CEO 乔布斯所发起的公开声明之后，他表示不让 Flash 进入苹果公司的移动设备，提出拒绝"Flash"的六大理由，包含：开放程度、网络的完整性、安全性的运行性能、电池续航力、触控功能，以及 Adobe 对新技术的更新速度等，并全力支持以"HTML5"为主要发展方向，于是 HTML5 的价值才开始备受社会大众的关注和讨论。

自那时起，HTML5 与 Flash 两派争战的战火延烧多年。虽然对于 iPhone 用户而言，无法看到 Flash 网页的确造成困扰，但真正恐慌的是使用 Flash 网站的经营者，因为苹果公司的这项决定，代表他们的网站未来再也无法在为数众多的苹果设备上显示，再加上后来微软的 Windows Phone 也开始不支持 Flash。苹果和微软以其庞大的市场占有率迫使开发人员必须放弃 Flash 改用 HTML5 来开发，也就成了不争的事实。直到最后，连开发 Flash 的 Adobe 公司也声明终止对 Flash 的发展，于是苹果公司以市场占有率强制扭转世界通用规格，成就了业界的一个"奇迹"。

HTML5 全新体验

除了苹果公司公开支持 HTML5 技术外，HTML5 本身所具备的技术优势其实也是"实实在在的"。我们可以从以下几个方面感受到网页运用 HTML5 技术后的影响。

❖ **不必再安装插件模块**

HTML5 增加了视频、音频与画布等标签，使用 HTML5 编写的网页可以直接使用原有的浏览器处理影音多媒体，无论在何种平台上都可以播放，不再像 Flash 一样备受限制，此项特点也是催生 HTML5 的主要因素之一。

❖ **精美视觉效果**

HTML5 能够以更多元的方式调整网页的外观与内容，例如利用 HTML5 的 Canvas 控制烟火动画，或是利用 Canvas 下的 chart.js 插件绘制各种漂亮的统计图表，不必再借用其他语言就能做出令人为之惊艳的精美特效。如图 1-3 所示。

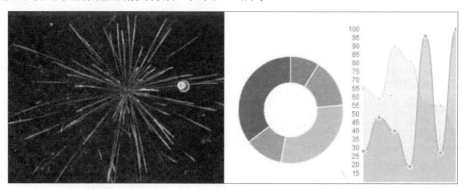

控制烟火特效   产生统计图表

图 1-3   HTML5 特效示例

❖ **更丰富的应用程序**

HTML5 可运用许多新的 API，让网页应用程序可以轻松地实现更多功能和完成更多任务。例如玩游戏最容易用到的全屏幕（Fullscreen）API，可以通过单击按钮来切换页面的全屏幕模式；或者是检测设备当前电池电量的 Battery API，可以直接获取当前设备的电池使用情况，如图 1-4 所示，这些都显示出 HTML5 在移动设备上运行的无限潜力。

Fullscreen API

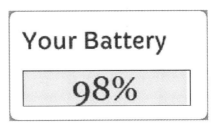
Battery API

图 1-4　丰富的 API

❖ **更简单明了的开发环境**

对于网页设计师来说，无论是要处理音效、影片还是文字样式，只要在一套 HTML5 架构中就可以全部搞定，不必再通过各种插件来实现互动网站，程序的编写变得更加轻松自如。

HTML5 特质

除了上述 HTML5 所带来的"实感"体验，W3C 也发布了 HTML5 的八项技术特点，分别说明如下：

- 语义特性（Semantic）：HTML5 对网页定义了更好的语义和结构，丰富的标签对于网页的显示拥有更细致的可控性。
- 本机存储特性（OFFLINE & STORAGE）：基于 HTML5 开发的网页通过 HTML5 APP Cache，以及本机的存储功能，拥有更短的启动时间，更快的浏览速度。
- 设备兼容特性（DEVICE ACCESS）：HTML5 提供了 API 接口，可以使外部应用直接与浏览器内部的数据相连，例如可以启动 webcam 进行拍照，或检测当前设备的电池使用情况。
- 连接特性（CONNECTIVITY）：HTML5 具有更有效率的连接方式，带来更快速的网页游戏体验。
- 网页多媒体特性（MULTIMEDIA）：支持在网页上直接执行 Audio、Video 等多媒体功能，不需要再安装额外的插件。
- 三维立体、图形和特效特性（3D, Graphics & Effects）：基于 SVG、Canvas、WebGL

5

及 CSS3 的 3D 功能，可以显示出各种令人惊叹的图像动画。

- 性能与集成特性（Performance & Integration）：HTML5 通过 XMLHttpRequest2 等技术，帮助应用程序和网站能够在多种环境下快速执行。
- CSS3 特性（CSS3）：在不牺牲性能和语义结构的前提下，CSS3 中提供了更多的风格和更强的效果。此外，在 Web 的开放字体格式（WOFF）也提供了更高的灵活性和控制性。

HTML5 与游戏设计

介绍完了 HTML5 的特性后，我们不禁要思考，使用这个语言来开发网页游戏究竟有哪些优势与劣势呢？

使用 HTML5 开发游戏的优势，主要是它具备跨平台、标准化的特性。无论是在计算机或移动设备上，只要使用浏览器就能正常运行，不必再额外安装任何插件。在任何平台上都能畅行无阻，自然会带给用户良好的操作体验，市场也不易受到限制。例如 Google Chrome Web Store 上可以下载的《愤怒的小鸟》及《炮塔防御》，如图 1-5 所示，就是从 iOS 平台移植到 HTML5 上的经典案例。

愤怒的小鸟   炮塔防御

图 1-5　游戏示例

但是，HTML5 是用于网页显示设计时使用的架构，比较缺少专为游戏开发而设计的 API。因此在制作一些高质量的游戏时，需要特别引入其他开源游戏引擎作为辅助，例如 Cocos2d、gin 等，通过游戏引擎与 HTML5 的衔接，简化游戏开发和制作的过程。

因此，在本书的规划中，除了用 HTML5 框架完成许多常见的网页小游戏外，也会增加介绍能够与 HTML5 衔接的游戏引擎，让大家循序渐进地成为网页游戏的开发高手，让我们拭目以待吧！

1.2　HTML5 开发环境的建立

开发 HTML5 游戏所需建立的开发环境不像其他程序设计语言那样复杂，只要有一个能够输入程序代码并把它们存储成 HTML、CSS 等格式文件的软件就可以。有些高端的程序员甚至只要打开 Windows 操作系统下的记事本工具就可以开始编写 HTML5。但是，当程序代码很多的时候，太简单的记事本工具难以辅助我们整理复杂混乱的程序代码，为了方便开发过程中对程序代码的辨别，我们选择 Notepad++作为本书的程序代码编辑环境。在这个章节中就来介绍一下 Notepad++的特性以及安装步骤。

编辑工具 Notepad++

若用户有编写程序的经验，相信对 Notepad++这个小巧的程序编辑器不陌生。Notepad++是 Windows 操作系统下的免费程序编辑器，它具备记事本的执行效率，可以一次打开多个分页、支持多种程序设计语言的亮度提示显示、语句折叠等功能，并有完整的中文界面以及支持多种语言编写（采用万国码 UTF-8 编码）。可帮助程序开发人员有条不紊地整理程序代码，提高程序的易读性。Notepad++的启动图标如图 1-6 所示。

图 1-6　Notepad++编辑工具

接下来，我们就简单地介绍一下 Notepad++这套工具有哪些设置可以帮助我们更轻松地开发 HTML5 游戏。

❖　**语句高亮度显示和语句折叠功能**

在编写 HTML5 游戏的时候，最常使用到的就是 HTML 文件以及 CSS 文件。当我们将这些文件读入 Notepad++后，Notepad++会自动导入该语言的格式。这个时候会发现，正在编辑窗口中的程序代码，会按照该语言的关键词或标签特性标示出不同的颜色（语句高亮度显示），而同一个标签的内容还可以自由折叠或展开（语句折叠），有助于提升程序的易读性。如图 1-7 所示。

```
<html>
<head>
<meta charset="UTF-8" />
<title>CSS PANIC - js do it</title>
<meta name="Description" content="" />
<meta name="Keywords"  content="" />

<link rel="stylesheet" type="text/css"
</head>
```

HTML 格式

```
* {
    /*
    边界设置为0
    */
    margin:0;
    padding:0;
    font-size:12px;
    line-height:1.2px;
}
```

CSS 格式

图 1-7　语句高亮度显示和折叠功能

❖　**单词自动完成功能（Auto-completion）**

"单词自动完成"功能是决定 Notepad++比记事本工具更适合编辑程序的关键原因之一。

所谓的单词自动完成，就是可以让开发人员只要输入开头几个字母，编辑器会提示当前这个程序设计语言下所有符合的关键词。这个功能非常好用。

对关键词的拼法仍不熟悉的初学者，可以快速并正确地选用单词，缩短开发时间。如图1-8 所示。

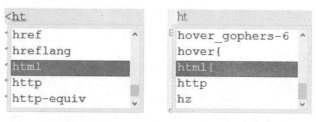

HTML 格式　　　　　　　CSS 格式

图 1-8　快速选择关键词

单词自动完成功能一开始是默认关闭的，若要启用的话，可以从上方菜单栏中"设置>首选项"的"自动完成"分页中选中"所有输入均启用自动完成"。如图 1-9 所示。

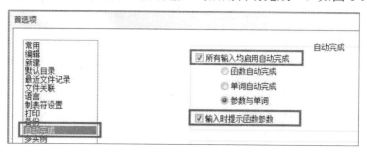

图 1-9　启用单词自动完成功能

❖　**同时编辑多个文件**

在编写 HTML5 文件的时候，同时进行 HTML 文件与 CSS 文件的交互引用是常有的事。在 Notepad++中可以用分页的方式打开多个文件，方便同时进行编辑。

❖　**多国语言界面**

支持多国语言的窗口环境。要调整语言的话，可以从上方菜单栏中"设置>首选页"的"常用"分页中进行切换。如图 1-10 所示。

图 1-10　设置语言的界面

❖　书签

开发人员可以用鼠标单击"程序行号"旁的空白,为该行程序代码加入/删除书签。当加入多个书签之后,可以使用键盘快捷键 F2 跳到下一个书签,或使用 Shift+F2 跳到上一个书签。如要清除所有标记,可以从菜单中选择"搜索>书签>清除所有书签"来进行设置。如图 1-11 所示。

```
2  ⊟<html>
3 ●⊟<head>
4   <meta charset="UTF-8" />
5   <title>CSS PANIC - js do it</title>
6   <meta name="Description" content="" />
7   <meta name="Keywords"  content="" />
```

图 1-11　在程序代码行设置书签

❖　支持多种程序设计语言

Notepad++内置支持的程序设计语言包括:Java、C / C++、C#、HTML、PHP、XML、JavaScript、makefile、ASCII 艺术、doxygen、ASP、VB / VBScript、Unix Shell Script、BAT(Batch file)、SQL、Objective-C、CSS、PASCAL、Perl、Python、Lua、TCL、Assembler、Ruby、Lisp、Scheme、Diff、Smalltalk、Postscript 和 VHDL 等。若仍然没有所需的程序设计语言,也可以自行导入其他程序设计语言的格式文件进行扩展,因此 Notepad++的灵活性相当高。

安装 Notepad++

知道 Notepad++的厉害之后,赶紧把它安装到计算机中吧!读者可以到本书下载文件的"安装文件"文件夹中启动"npp.6.8.2.Installer"进行安装。由于 Notepad++会时常更新,若想使用最新版的话,也可以直接连到 Notepad++的官方网站(http://notepad-plus-plus.org),从左手边的"Download"里选择想要的版本后,单击 DOWNLOAD 图标开始下载。如图 1-12 所示。

图 1-12　Notepad++官方网站

下载完后，启动安装文件。一开始会出现选择语言的窗口，有"简体中文"可以选择。选择完后，单击"OK"。如图 1-13 所示。

图 1-13 安装 Notepad++ 时选择"简体中文"

接下来会出现 Notepad++v6.8.2 的安装指南程序，单击"下一步"。出现"许可证协议"的窗口，选择"我接受"。如图 1-14 所示。

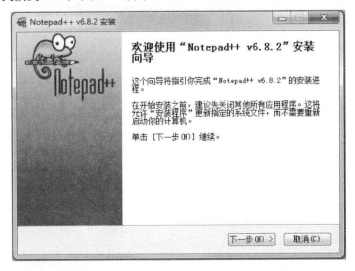

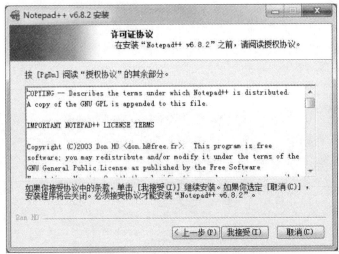

图 1-14 选择接受"许可证协议"开始安装 Notepad++

接下来就是"选取安装位置"，下方有个"目标文件夹"的文本框，单击"浏览"可以选择安装的位置。选择好安装的文件夹后，单击"下一步"。如图 1-15 所示。

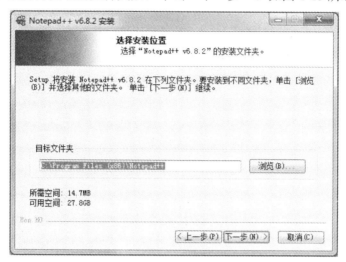

图 1-15　选择安装 Notepad++的文件夹

这时会弹出"选择组件"的窗口，其中有系统默认选择的组件，用户也可以自行选择，单击"下一步"及"安装"按钮。如图 1-16 和图 1-17 所示。

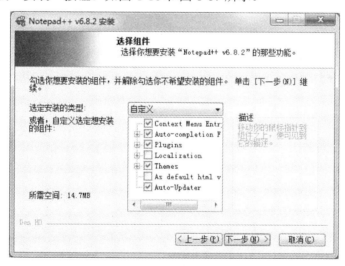

图 1-16　选择安装组件(一)

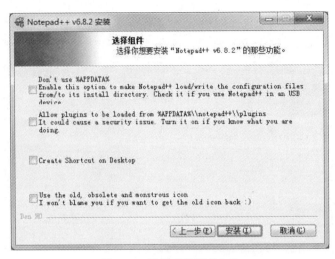

图 1-17　选择安装组件(二)

在 Notepad++安装好之后，系统会自动选中"执行 Notepad++v6.8.2"，单击"完成"后，会自动启动 Notepad++程序，如图 1-17 的左图所示。如果要从安装位置启动程序，可以直接进到文件夹中，单击名称为"Notepad++"的应用程序即可，如图 1-18 的右图所示。

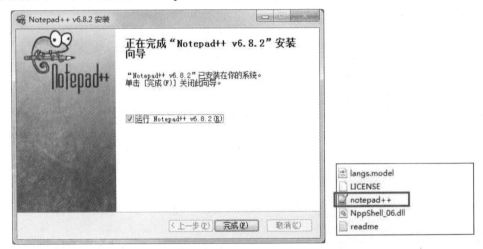

图 1-18　安装后直接启动或者从文件夹中启动 Notepad++

启动程序后，如果程序界面是英文版本的，就单击菜单"Settings>Preferences"，即可调出设置菜单，如图 1-19 所示。里面可以调整"语言"。打开"Preferences"，到"Localization"点开下拉菜单，单击"中文简体"，如图 1-20 所示，就完成了语言的设置，程序界面就会变成中文了。

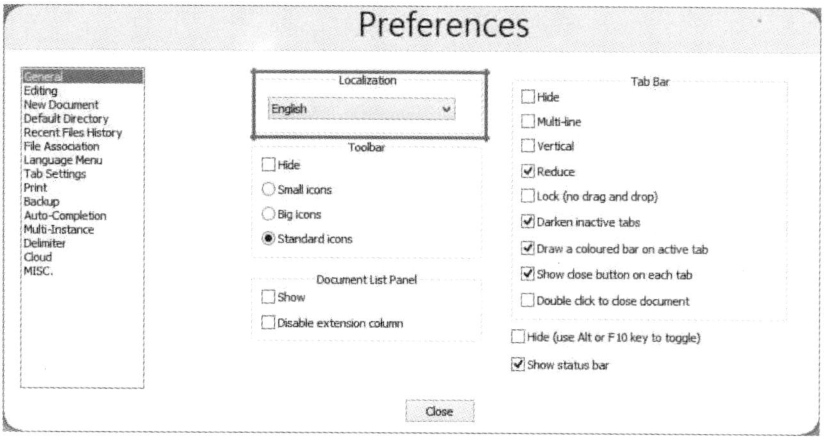

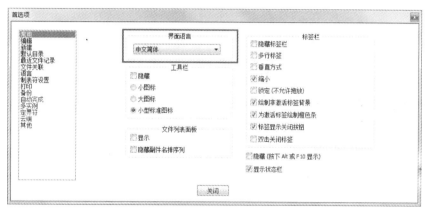

图 1-19　英文界面

图 1-20　中文界面

接下来的操作是进行程序设计语言设置，从左边的菜单栏选择"文件>新建"，再到"设置>首选项>新建"的下拉菜单中选择"HTML"，如图 1-21 所示，就完成了程序设计语言的设置。

图 1-21　设置程序设计语言的格式

最后介绍选择不同的浏览器来执行当前程序设计语言的方式。通过单击上方菜单栏的"运行",里面有"Launch in Firefox" Launch in Firefox、"Launch in IE" Launch in IE、"Launch in Chrome" Launch in Chrome 和"Launch in Safari" Launch in Safari 等,分别为使用"Launch in Firefox"运行、"Launch in IE"运行、"Chrome 浏览器" Launch in Chrome 运行和"Safari 浏览器" Launch in Safari 运行。如图 1-22 所示。

运行(R)	插件(P)	窗口(W)	?
运行(R)...			F5
Launch in Firefox			Ctrl+Alt+Shift+X
Launch in IE			Ctrl+Alt+Shift+I
Launch in Chrome			Ctrl+Alt+Shift+R
Launch in Safari			Ctrl+Alt+Shift+F
Get php help			Alt+F1
Google Search			Alt+F2
Wikipedia Search			Alt+F3
Open file			Alt+F5
Open in another instance			Alt+F6
Send via Outlook			Ctrl+Alt+Shift+O
管理快捷键...			

图 1-22　选择执行当前程序设计语言的浏览器

1.3　HTML5 测试与调试

在完成游戏的开发后,程序员们总是需要花费大量的人力与时间来测试游戏在各种情况下的运行情况。这时候如果有自动测试机器人能帮助我们的话,自然就会省下不少开发成本。这里要介绍的 Selenium IDE,就是一个可以按照设置的操作步骤对网页进行循环测试的自动机器人工具,如图 1-23 所示。Selenium IDE 可以在 Firefox 浏览器中轻松建立测试方案,并对过程中所出现的错误进行记录,帮助用户进行测试与调试。

图 1-23　自动测试机器人工具 Selenium IDE

安装 Firefox 浏览器

Selenium IDE 是 Firefox 浏览器下的一个扩展套件，因此用户要先安装 Firefox 浏览器。Firefox 的安装文件可以到本书下载文件的"安装文件"文件夹中找到，单击"Firefox Setup 40.0.3"进行安装，本书使用的版本是 v40.0.3。若需要下载最新版本的话，可以直接到 Firefox 的官方网站（http://mozilla.com.cn/moz-portal.html）免费下载最新的安装程序。如图 1-24 所示。

图 1-24　到 Firefox 官网下载最新版本

下载完成后执行安装程序，再选择"升级"，如图 1-25 所示。

图 1-25　执行下载的安装程序

出现"正在下载…"提示信息后，耐心等待程序下载完成，如图 1-26 所示。下载完成，安装程序会自行继续安装，如图 1-27 所示。

图 1-26　等待安装程序继续下载程序

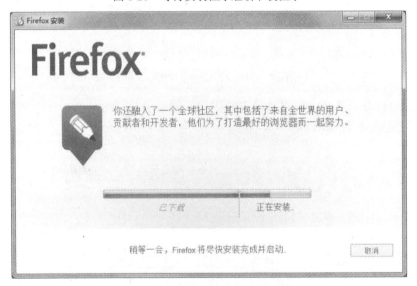

图 1-27　等待安装程序完成安装

安装 Selenium IDE

Selenium IDE 是 Firefox 浏览器下的一个附加套件。因此必须先从 Selenium 的官方网站（http://www.seleniumhq.org/）获取程序，再通过 Firefox 的"附加组件管理员"将 Selenium 加入。安装步骤如下：

步骤 01　下载 Selenium

到本书下载文件的"安装文件"文件夹中，找到"selenium-ide-2.8.0"。也可以进入 Selenium

官方网站，从上方的"Download"或右边的"Download Selenium"进入到下载页面，单击 download latest released version 2.8.0，之后就会开始下载程序。如图 1-28 和图 1-29 所示。

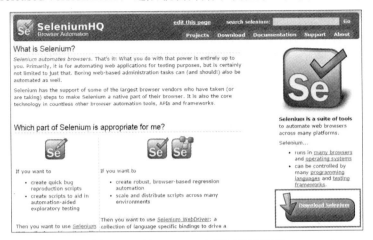

图 1-28　到 Selenium 官网下载最新版

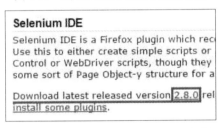

图 1-29　确保下载的 Selenium 是最新版

步骤 02　加入 Firefox 附件组件

之后启动 Firefox 浏览器，从"菜单"中单击"附加组件"后；接着单击画面上方的齿轮，选择"从文件安装附加组件"的选项，加载刚刚下载的 Selenium IDE 文件。如图 1-30 所示。

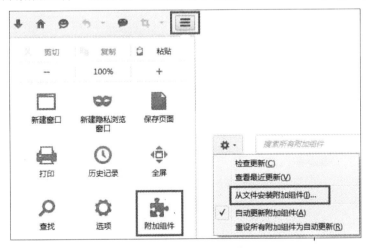

图 1-30　安装附加组件

选择完之后，左上角会弹出一个"软件安装"的窗口，单击"安装"，如图 1-31 所示。接下来会再出现一个窗口，是说"5 个附加组件将在重新启动 Firefox 时被安装"，单击"立即重启"，如图 1-32 所示。

图 1-31　确认安装附加组件

图 1-32　重新启动 Firefox 以便安装附加组件

完成以上操作后，单击 Firefox 浏览器右上角新增加的"Selenium IDE"图标，如图 1-33 所示，就会启动 Selenium IDE 的工作窗口。

图 1-33　在 Firefox 浏览器右上角新增加了"Selenium IDE"图标

应用 Selenium IDE

先前提到过 Selenium IDE 就像是一个自动测试的机器人，用户可以录制测试脚本后，再交给 Selenium 对网页的某些功能进行循环测试。除此之外，Selenium IDE 还可以测试在不同浏览器（Firefox、IE、Safari）以及不同操作系统（Windows、OS X、Linux）下运行的情况，完整地记录测试的过程，并且以颜色标示出运行出错的部分，对于 HTML5 游戏测试与调试方面是相当简便的好帮手。接下来就举出一个实际案例来看看怎么样应用 Selenium IDE 进行测试吧！

步骤 01 启动 Selenium IDE

单击 Firefox 浏览器右上角新增加的"Selenium IDE"图标，就会打开 Selenium IDE 的工作窗口。先来看看 Selenium IDE 窗口中有哪些功能键，如图 1-34 所示。

- 录制脚本：按下之后返回浏览器进行操作，所有的操作都会被记录下来。
- 执行脚本：执行已录制的脚本。
- 脚本命令：操作过程会以程序代码的方式呈现在此。

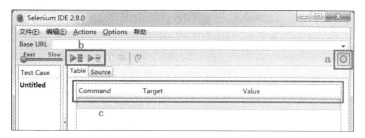

图 1-34　Selenium IDE 窗口中的功能键

步骤 **02**　录制测试脚本

按下右上角的录制脚本功能，就可以回到浏览器进行操作来记录测试步骤，这里示范一个例子，如图 1-35 所示。

- 在"百度"搜索栏输入"html5 game"。
- 按下"百度一下"的按钮。
- 选择"HTML5 Games – Play for free online"链接。
- 按下第一个游戏的"Play"按钮。
- 按下"Play Now"按钮启动游戏。

图 1-35　为 Selenium IDE 录制测试脚本

步骤 03 播放脚本

完成操作之后回到 Selenium IDE 中停止录制,这时候可以看到下方的指令行已经多了刚刚所操作的步骤。这时候请将执行速度调整到"Slow"后按下播放按钮,就会看到 Selenium IDE 自动帮我们将刚刚操作的步骤再重新执行一遍。如图 1-36 所示。

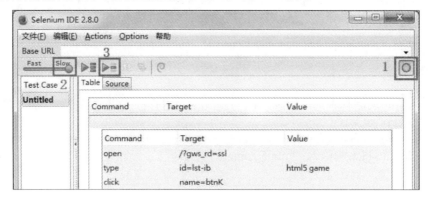

图 1-36　用 Selenium IDE 播放测试脚本

步骤 04 查看错误

当错误发生的时候,执行窗口会以"红色"标记该操作无法正常执行,如图 1-37 所示,我们就可以到下面的 Log 分页中查看错误发生的原因。这个错误发生的原因是因为在上一步骤中,没有将执行速度调到"Slow",导致机器人的执行速度太快,网页还没有调出下一个页面就直接执行下一步了。

图 1-37　查看错误

运用 Selenium IDE 可以协助开发人员简单地达到重复测试的目的,最常应用的范围在于"窗体传送"、"系统压力测试"等方面。若想尝试更深层的应用,可以学习修改 Selenium IDE 的操作码来达到更灵活的设置。

1.4　范例：HelloWorld

建立好 HTML5 的开发环境后，现在就以 HelloWorld 范例来练练手，从最简单的文字显示来熟悉 Notepad++的使用以及 HTML5 的基础架构。

范例说明

HelloWorld 范例是一个简单的用来显示文字的 HTML 网页，别看这个范例既简单又无聊，但是其内部的程序包含了 HTML5 的基本架构，往后所有的范例甚至更高难度的 HTML5 游戏开发，都是以这个架构作为开发的原型去扩展的，可以说是"麻雀虽小，五脏俱全"呢！

请到本书下载文件的"范例>ch01"文件夹中，用浏览器启动 HelloWorld 范例。从 HelloWorld 范例运行的画面中，可以看见共有两个地方出现了文字。其一是网页最上面的标题部分显示出"CH1-1"；其二是网页内的文字部分显示的"Hello World！"，值得特别注意的是"Hello World！"文字似乎与上面和左边的边界保持了一定的距离，看来可以大胆预测在排版上已经做了一些安排。如图 1-38 所示。

图 1-38　"HelloWorld"范例程序的运行结果

重点技术

❖　HTML5 基本架构

HTML 是一种标记语言，所以一个 HTML 网页是以无数个标签（tag）组成的结构性内容。当浏览器在解析这些结构化标签时，就能按照标签的意义井然有序地辨别出每段程序所代表的含义，进而在画面中显示出我们所见到的网页。一个标准的 HTML 文件扩展名为".html"，其基本的程序架构如下：

```
<!doctype html>
<html>
```

```
    <head>
        <metacharset="UTF-8">
        <title>Example</title>
    </head>
    <body>
        页面输出内容
    </body>
</html>
```

在这段基本的程序架构中，我们看到了许多由括号<>框起来的文字，这些就是所谓的"标签"。每个标签分别具有不同的定义，分别介绍如下：

❖ **<!doctype>标签**

<!doctype>标签永远出现在 HTML 架构的第一行，此标签主要用来声明文件类型定义（Document Type Definition, DTD），也就是告诉浏览器当前这个网页所使用的 HTML 语言版本。

在 HTML 4.01 中，必须使用一长串的指令才能完成声明：

```
<!DOCTYPE HTML PUBLIC "-//W3C//DTD HTML 4.01 Transitional//EN"
"http://www.w3.org/TR/html4/loose.dtd">
```

但在 HTML5 中已经简化到只要标记"html"即可：

```
<!DOCTYPE html>
```

❖ **<html>标签**

<html> </html>为 HTML 文件开始与结束的声明标记，所有与网页相关的元素都必须放在这两个标记之间。只要任何一个纯文本文件中加入了这个标记，并以 html 作为扩展名存盘，就会被系统视为网页并且在浏览器中打开。

❖ **<head>标签**

<head> </head>为"页首"开始与结束的声明标记，当前 HTML 的文件信息均存放在这两个标记之间。常用的文件信息包括：

1. **网 页 信 息（meta）**

网页信息可以记录在<meta>标签中，所谓的网页信息可能包括描述（description）、关键字（keywords）、作者（author）、版权（copyright）等。但必须要记录的是网页编码（charset），随着 UTF-8 万国码的普及，现在开发网页时都会主动声明采用 UTF-8 编码，以免在不同国家不同版本的浏览器下执行时出错。

2. 标题（title）

标题所指的是网页标题栏，标题会出现在网页最顶部的标签中，网页标题好比是文件名，可作为搜索引擎用于搜索的关键词。声明标题文字时，需将文字放在<title> </title>标签中，这样才能完成网页标题文字的设置。

3. CSS 与 JavaScript

CSS 与 JavaScript 的定义也必须标注在<head>标签中，这在后面的章节会一并进行介绍。

❖　<body>标签

<body> </body>为 HTML 网页的主要内文开始与结束的声明标记，所有网页输出所需要的元素都会放置在这两个标记之间，例如窗体、表格、图片、链接等等。

代码段

接下来可以用 Notepad++打开 HelloWorld 范例，查看本范例的代码段。与上一部分 HTML5的基本架构进行比较之后，可以发现两段程序代码的差异其实并不大。

```
<!doctype html>
<htmllang="en">
<head>
<metacharset="UTF-8">
<title>CH1-4</title> </head>
<body>
    <divstyle="position:absolute; top:50px; left:50px;">
     Hello World!
    </div>
</body>
</html>
```

程序代码解析

在 HelloWorld 范例的程序代码中，除了 HTML5 基本架构必定会出现的<!doctype>、<html>、<head>、<meta>、<body>之外，似乎又多了一些没见过的指令，下面就来看看它们分别代表什么意思。

❖　<html lang="en">

在 HTML 标签中加上"lang"属性可以为当前网页标记所属语言，标记语言将有助于搜索引擎进行分类。像是在使用 Google 搜索时，可以设置按语言作为筛选的条件，其判断的方式就是根据每个网页的 lang 属性来进行区分的。语言都使用两个半角英文字的语言编码（Language Code）来进行标记，一般常见的有英文（en）、中文（zh）、法文（fr）、德文（de）等等。

❖　

DIV 标签中所包含的所有内容会被视为一个对象，在浏览器中会占据一排独立的区块，若在网页内使用了多个 div 区块，将会按顺序从上往下进行排列。

<body>
<div> 第一栏 </div>
<div> 第二栏 </div>
<div> 第三栏 </div>
</body>

❖　style="position:absolute; top:50px; left:50px;"

通过 DIV 标签所声明的区块就像一个表格对象，可以通过"style 属性"调整表格的大小、颜色及位置。这个范例中使用了"position"来调整 div 区块的显示位置，position 共有四种参数可以设置，分别是 static（静态）、relative（相对）、absolute（绝对）和 fixed（混合）；使用 absolute（绝对）可以通过上（top）、下（bottom）、左（left）、右（right）的位移距离来控制区块位置，拥有最高的自由度。因此在这个范例中，采用 absolute（绝对）定位方式，将"Hello World！"文字排版在距离顶部边界 50 pixel（像素）与左边边界 50 pixel 的地方。

第 2 章
HTML5 基础

HTML5 比起前几版而言具有大幅度的变化。首先新增加了多种"结构化元素",有助于页面的排版以及搜索引擎的辨别;其次是丰富的"内容标记方法",新增画布<canvas>与各种文字层级元素,让图文编辑更加精致;第三是强大的"多媒体应用",让浏览器不必加载插件就可以处理影音;另外也提供了全新的 Web 窗体协助处理信息流的部分。HTML5 语言从静态到动态所需要的元素通通都考虑到了,也难怪其魅力能够席卷全球。

在本章中将学到的重点内容包括:

- 认识整齐的结构化元素
- 活用丰富的内容标记方法
- 应用方便的影音多媒体标签
- 学习 Web 窗体机制

2.1　结构化元素

HTML5 大刀阔斧地对许多标签进行了重新定义或删除，相对也添加了许多新的元素和功能。在这个章节中首先要给大家介绍属于静态的"结构化元素"。

什么是结构化元素

结构化元素严格来讲是标记给浏览器以及搜索引擎解析用的标签，还记得在"Hello World"的范例中，曾经使用过<div>标签来进行网页的分区与排版。但其实开发人员在设计网页的时候，本身就会给不同的区块取上特别的专有名词来做辨别，例如"导航栏"、"标题"、"脚注"等，但回到 HTML 里的时候，全部都回归到只剩<div>标签。

因此在 HTML5 中更正了这个怪异现象，新增加了多种网页元素常用的"结构化元素"，包括<nav>、<header>、<article>、<section>、<aside>和<footer>等，从标签的命名就可以明显地分辨出这个区块在网页中所代表的含义，对于程序的辨别大有帮助。如表 2-1 所示为 HTML 结构化元素与定义。

表 2-1　HTML5 结构化元素与定义

标签	定义
<nav>	包含浏览链接的区段
<header>	包含浏览标题的区段
<article>	包含独立内容的区段，例如文章或贴文
<section>	页面的一般区段
<aside>	与主要页面内容略微相关的内容，例如侧边栏
<footer>	页面的页尾区段

结构化元素图解

从文字来看，可能难以理解结构化元素的妙用，因此本书用实例与图解来说明结构化元素所带来的重大变革。以下是常见网站的配置结构。

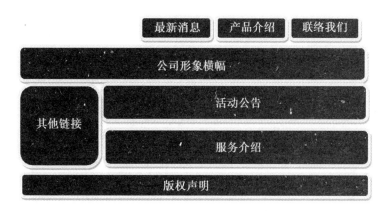

图 2-1　常见网站的配置结构

在 HTML4 之前的版本如果要对这些不同的区块进行规划，一律是使用<div>标签进行区块的分隔，开发人员或许还能够辨别出这些区块的不同，但对浏览器或搜索引擎而言，这些区块其实都是代表一样的意思而无法区分。如图 2-2 所示。

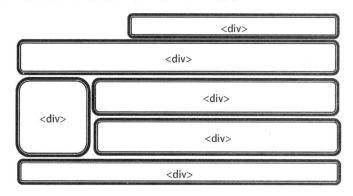

图 2-2　以前应用<div>标签的情形

但自从 HTML5 的革新，引进了全新的结构化元素后，现在每个区块都可以拥有自己独特的标签，因此开发人员在进行设计前，必须先对整个网页中每个区块所适合的结构化标签进行规划。如表 2-2 所示。

表 2-2　标签

网页内容	结构化标签
导航栏	<nav>
公司形象横幅	<header>
活动公告	<section> <article>
服务介绍	<section> <article>
其他链接	<aside>
版权声明	<footer>

规划好每个区段所要使用的结构化标签后，就可以套入网页程序代码中，将原本只有

<div>标签标示的区域加上这些新元素。选用适合的标签就能准确地描述每个区块的用途，对于搜索引擎解析网页结构有很大的帮助。如图 2-3 所示。

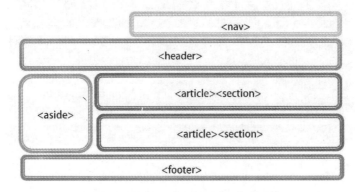

图 2-3 应用 HTML5 的结构化元素

实际应用

接下来通过一个实际应用的例子，展示采用 HTML5 结构化元素对开发人员的便利性。可以到本书下载文件的"范例>ch02"文件夹中打开"2-1"范例。

❖ 范例说明

用浏览器打开范例后，可以看到画面的布局引用了一般网页常用的结构，将导航栏、标题、网页信息和脚注都排列出来。虽然从外观上看起来与一般网页无异，但里面的标签则是不再使用<div>标签，而全面采用 HTML5 所推出的结构化语言达到同样的效果。如图 2-4 所示。

图 2-4 采用结构化语言取代<div>标签达到的页面效果是相同的

❖ 程序代码解析

接下来请用 Notepad++打开范例，查看里面的程序代码。这个范例表现了开发人员善用结构化元素所带来的便利性，首先在<head>下的<style>标签中声明了每个结构化区块的外观属性，这样在<body>中使用对应的结构化标签时就会直接引用<style>中的设置，无需再逐一设置。

❖　**<style>**

在<style>标签中先行声明每个结构化元素的外观，包括<header>、<nav>、<section>、<footer>等。外观属性的设置方式会留到 CSS 章节再进行详细的介绍，这里只要知道我们给予每个结构化标签不同的显示颜色即可。

```html
<!DOCTYPE html>
<html>
  <head>
    <title>ch2-1</title>
    <style>
      header {
        background-color: red;
      }
      nav {
        background-color: purple;
        width: 50%;
      }
      section {
        background-color: gray;
        padding: 20px;
        margin: 20px;
      }
      footer {
        background-color: orange;
        font-size: 10px;
      }
      header, nav, section, article, footer {
        color: white;
        font-size: 26px;
      }
    </style>
  </head>
```

● 　<nav>和<header>

之后只要在 body 中加入结构化元素，简单明了地声明<nav>和<header>标签就会自动套用先前所设置好的外观属性，达到统一外观与容易辨别的效果。

```
<body>
   <nav>
        Nav
   </nav>
   <header>
        Header
   </header>
```

- ● <section>、<article>和<aside>

<section>所代表的意思比较类似一个"区块",而这个区块中可能由文章标题、文章内容、文章图片等多个元素组成,文章内容就可以用<article>标签进行标记。至于<aside>标签的定义比较偏向于与"主要内容略有相关"的内容,有点像注释。

```
<section>
     <h1> Steve Jobs </h1>
     <article>
          He was an American entrepreneur, marketer,
          and inventor, who was the co-founder, chairman,
          and CEO of Apple Inc.
     </article>
</section>
<aside>
     We are deeply saddened to
     announce that Steve Jobs passed away.
</aside>
```

- ● <footer>

最后<footer>就是脚注的标记,通常用来置入版权声明等信息,排版在网页最底部。

```
     <footer>
          footer
     </footer>
   </body>
   </body>
</html>
```

通过这样的简单范例,我们看见了结构化元素在排版上的威力,相信大家也可以想象过去只有<div>标签的时候要达到这样的设置有多么困难。"简洁、整齐、便利"就是 HTML5 语言的魅力。

2.2　内容标记方法

HTML5 新增加的内容标记方法，可以有效地处理日趋复杂的图文版面。通过灵活地运用这些标签，可以创造出比 HTML4 更加丰富、精致的图文控制效果。按照内容标记方法的功能进行分类，大致可分成"绘图"、"分组"、"文字层级"以及"互动"等分类，在这个章节中将逐一介绍各元素的用途与操作范例。

绘图元素

❖　<canvas>

画布（canvas）是 HTML5 中最重要的新增元素之一，因为有了画布元素，HTML 才具有独立处理图形的能力，成为 HTML5 取代 Flash 等多媒体插件的契机。为了达到各种处理图形的效果，画布下编排了非常多的方法与属性可以应用，通过这些方法可以轻松实现画图、控制动画等操作。

由于使用 Canvas 下的方法需要配合使用 javascript，因此关于画布的方法到后面再给大家详细介绍，这里仅先示范如何在 HTML 文件中声明一个画布区块。

\范例\ch02\2-2-1_canvas

```
<canvas id="Canvas" width="480" height="180"
        style="background-color: gray; border: 5px">
</canvas>
```

- id：替当前的画布命名，当画面有多个画布时有助于识别。
- width 与 height：定义画布的尺寸。
- style：定义画布的外观属性。

分组元素

❖　<figure>

此标签可以声明一组包含图片标题、信息的分组。浏览器会将<figure>内的所有元素（包括文字、图像）视为一个对象。

\范例\ch2\2-2-2_figure

```
<figure>
  <img src=" Apple10th.png " width="300" height="360" />
  <p>
```

```
    苹果 10 周年 <br>
    欢庆苹果 10 周年，商品全面 8 折！要买要快！
   </p>
</figure>
```

❖ **<figcaption>**

此标签是<figure>下的一个子标签，放在 figcaption 标签内的文字代表"图片的标题"。<figcaption>子标签应该被置在<figure>下第一个或最后一个位置。

\范例\ch02\2-2-3_figcaption

```
<figure>
    <img src="Apple10th.png" width="300" height="360" />
    <figcaption> 苹果 10 周年 </figcaption>
    <p> 欢庆苹果 10 周年，商品全面 8 折！要买要快 !</p>
</figure>
```

文字层级元素

❖ **<bdi>**

放置在此标签内的文字，可以具有独立的方向格式，适合用来标记方向不明的文字。例如阿拉伯语会造成网页文字方向的混乱，加入<bdi>标签后就可以正常地显示。从范例中可以看到，没有使用<bdi>标签标注的阿拉伯文字无法定位在想要摆放的位置上。如图 2-5 所示。

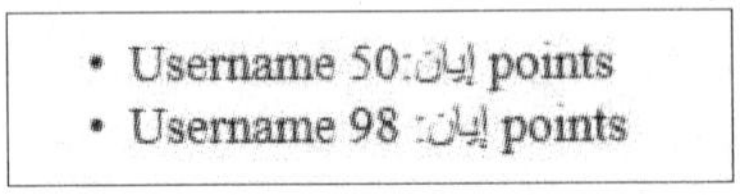

图 2-5　没有使用<bdi>标签标注的阿拉伯文字无法正确定位

\范例\ch02\2-2-4_bdi

```
<ul>
<li>Username :50 points</li>
<li>Username <bdi> </bdi>: 98 points</li>
</ul>
```

- <ul>：此标签内的文字会逐行加入项目符号"●"。
- <li>：配合<ul>使用，每个<li>代表一个独立项目。

❖ **<dialog>**

使用此标签可以在画面中启动文字提示框。如图 2-6 所示。

图 2-6 文字提示框

\范 例\ch02\2-2-5_dialog

```
<dialog open>
    你好
</dialog>
```

❖ **<mark>**

使用此标签可以将部分文字加上荧光标记。如图 2-7 所示。

小明数学考35分,小明的妈妈很生气!

图 2-7 给文字加上荧光

\范 例\ch02\2-2-6_mark

```
<p> 小明 <mark> 数学考 35 分 </mark>,小明的妈妈很生气 !</p>
```

❖ **<ruby>与<rt>**

<rt>是<ruby>下的一个子标签,主要用于排版"注释"或"发音",可将补充信息排版在主体的上方。如图 2-8 所示。

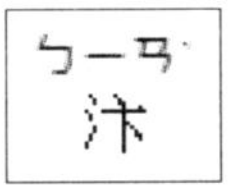

ㄅㄧㄢ
汴

图 2-8 将补充信息排版在主体的上方

\范 例\ch02\2-2-7_rt

```
<ruby>
汴 <rt> ㄅㄧㄢ ` </rt>
</ruby>
```

❖ **<ruby>与<rp>**

<rp>也是<ruby>下的一个子标签,可将补充信息排版在主体的右方。如图 2-9 所示。

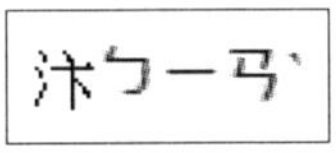

汴ㄅㄧㄢ`

图 2-9 将补充信息排版在主体的右方

\范例\ch02\2-2-8_rp

```
<ruby>
汸 <rp>(</rp> ㄅ丨ㄢ ˋ <rp>)</rp>
</ruby>
```

❖ **<time>**

加注在此标签中的文字信息会被浏览器视为"时间格式"进行解析。若是使用 datetime 属性，代表在 HTML 中为此文字加上时间标记。

\范例\ch02\2-2-9_time

```
<p> 我们学校早上 <time>8:20</time> 开始上课。</p>
<p> 我们学校在 <time datetime="2014.11.22"> 校庆 </time> 活动。</p>
```

❖ **wbr**

<wbr>代表可能发生的换行时机，<wbr>与换行符号
不同，只有在文字超出显示最大边界的时候，会优先在标记<wbr>的地方进行适当的换行。

范例中每五个英文文字加注一个<wbr>标记，这时候将浏览器显示的宽度范围不断缩小，会发现换行必定会在<wbr>处自动换行，绝对不会发生从五个字母中间切断的情形。如图 2-10 所示。

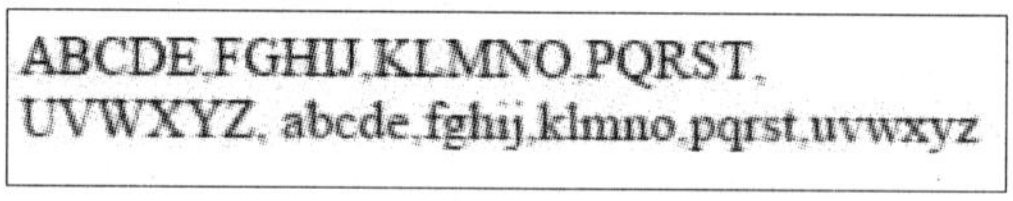

图 2-10　<wbr> 用于可能发生的换行时机

\范例\ch02\2-2-10_wbr

```
<p>
ABCDE,<wbr>FGHIJ,<wbr>KLMNO,<wbr>PQRST,<wbr>UVWXYZ,<wbr>
abcde,<wbr>fghij,<wbr>klmno,<wbr>pqrst,<wbr>uvwxyz
</p>
```

交互式元素

❖ **<details>与<summary>**

<details>与<summary>是一起使用的标签，这两个标签的配合可以设计出信息隐藏与展开的互动效果。<details>标记的文字代表可以隐藏与展开的部分；<summary>标记的文字作为触发隐藏与展开的标题。以范例进行说明，单击"中国"两字，将会展开下方对于中国的介绍，再单击"中国"一次则会隐藏。如图 2-11 所示。

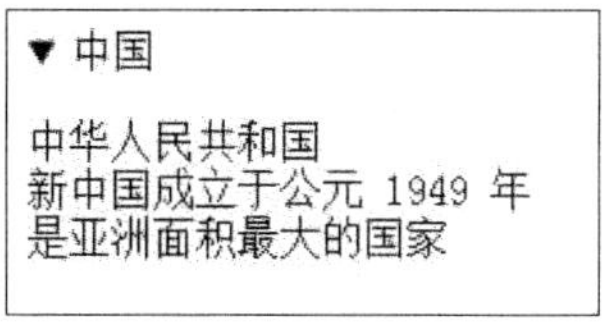

▼ 中国

中华人民共和国
新中国成立于公元 1949 年
是亚洲面积最大的国家

图 2-11　显示和隐藏标记文字

\范 例\ch02\2-2-11_details

```
<details>
    <summary> 中国 </summary>
    <p>
    中华人民共和国<br>
    新中国成立于公元 1949 年 <br>
    是亚洲面积最大的国家
    </p>
</details>
```

❖　<menu>与<command>

放在<command>标签内的文字可以具备"按钮"功能，配合<command>的属性可以指定单击按钮后要执行的操作。目前此功能仅能在 Firefox 浏览器中正常执行。

\范 例\ch02\2-2-12_details

```
<menu>
    <command onclick="alert('Hi There!')">
    Click Here!
    </command>
</menu>
```

2.3　多媒体应用

HTML5 增加了多媒体标签，让浏览器在播放影音时不再需要额外安装插件，这样就降低计算机或移动设备为了安装插件而染上电脑病毒的风险，同时也给用户带来了更佳的多媒体在线使用体验。

<audio>

使用<audio>标签可以在浏览器中加入一个简易的音乐播放器，功能包括"播放"、"暂停"以及"音量调整"。如图 2-12 所示。

图 2-12　<audio>标签可以在浏览器中加入一个简易的音乐播放器

\范 例\ch02\2-3-1_audio

```
<audio src="shower.mp3" controls autoplay loop>
    Your browser does not support the audio tag.
</audio>
```

范例中有几项指令的使用方法如下：

- src：用来指示音频文件的位置，在这个范例中因为音频文件与 HTML 文件处在同一个文件夹中，所以直接输入文件名 "shower.mp3" 即可。如果音频文件位于其他目录或是在网站上，则要输入完整的路径，例如 "http:\\www.123.com\audio\demo.mp3"。
- controls：加入 controls 属性，代表用户可用音乐播放器的面板控制音频文件的播放。
- autoplay：加入 autoplay 属性，代表一加载网页就会立即自动播放音频文件，若不需要这项功能可删除此属性。
- loop：加入 loop 属性，代表会反复播放音频文件，若不需要这项功能可删除此属性。
- 支持提示：在<audio>标签内加入文字，当使用的浏览器不支持<audio>标签时会出现此文字来提示用户。

<video>

使用<video>标签可以在浏览器中加入一个简易的视频播放器，包括"播放"、"暂停"、"音量控制"以及"全屏幕显示"等功能。如图 2-13 所示。

图 2-13　<video>标签可以在浏览器中加入一个简易的视频播放器

\范 例\ch02\2-3-2_video

```
<video src="funny.mp4" controls autoplay >
    Your browser does not support the video tag.
</video>
```

video 元素包含以下属性可以配合使用：

- src：指定视频文件的路径。
- controls：允许用户通过播放控件控制视频播放。
- poster：预留字幕的位置。
- loop：反复播放视频。

- autoplay：加载后自动开始播放视频。
- height/width：指定播放器的高度与宽度（单位：像素）。

\<source>

由于现行并非每一种浏览器都支持播放各种视频文件格式，例如 IE 使用 mp4 格式，而其他部分浏览器则支持.ogg/.ogv 格式。所以在 HTML5 嵌入音频时，要考虑到不同浏览器只能播放特定格式的可能，必须在标签中准备多种不同的文件格式供各种浏览器使用。

可是，在使用 src 指令指定文件路径时一次只能指向一个位置，无法达到同时备存多个文件格式的目的。这时候就可以使用\<source>标签，用来一次指派多种格式，当用户的浏览器加载页面时就会自动挑选适合的格式进行播放。

\范例\ch02\2-3-3_source

```
<video controls>
    <source src="funny.mp4" type="video/mp4" />
    <source src="funny.webm" type="video/webm"/>
    <source src="funny.ogv" type="video/ogg"/>
    <p>Fallback code if video isn't supported</p>/
</video>
```

source 元素包含以下两个元素可以使用：

- src：指定文件路径。
- type：指定支持的文件格式。在 video 下可支持 video/ogg、video/mp4 和 video/webm 格式；在 audio 下可支持 audio/ogg、audio/mpeg 格式。

\<track>

在\<videio>标签内加入\<track>，可以为影片加载 WebVTT 字幕文件，播放器也会增加"cc"的字幕选项键供用户使用，如图 2-14 所示。\<track>使用的方法请参考下面的范例。（请注意，track 无法在 file://地址下运行，如果要正常显示字幕的话，必须将范例放到网络服务器上。）

图 2-14　\<track> 标签可为影片加载字幕文件

\范例\ch02\2-3-4_track

```
<video width="480" height="360" controls="controls">
    <source src="funny.mp4" type="video/mp4" />
        <track kind="subtitles" src="funny_en.vtt"
```

```
                  srclang="en" label="English">
</video>
```

<track>有以下属性可以使用：

- kind: 定义文字内容的类型，常用的有 subtitles（用于显示视频中对白的翻译）和 captions（用于显示视频中无声时所补充的信息）。
- src: 指定字幕文件的所在路径。
- srclang: 指定字幕文件的语言，在播放器中不会使用到。
- label: 识别字幕文件的语言，会出现在字幕选择器的选单中。
- default: 指定优先加载的字幕文件，用于具有多种语言的字幕时。

补充说明：WebVTT 格式

要为影片加入字幕，必须先了解 WebVTT 的格式，可以使用 Notepad++打开范例中的 vtt 文件来查看程序内容。vtt 文件的第一行必须以 WEBVTT 开头，然后字幕与字幕间要以空行来做间隔。接下来看看单独一段字幕里的格式，一段字幕会由三个部分所组成：

1. Cue identifier

这个部分可有可无，主要是用来作为每段字幕的标示，可以用数字也可以用文字。

2. Cue timing

用来输入字幕从出现到消失的时间，时间格式可以是 hh:mm:ss.ttt 或 mm:ss.ttt。两个时间的中间要以箭号"→"表示，要特别注意箭号的前后都要留有空白。

3. Subtitles: 字幕文字

用来输入字幕文字，可以使用单行或多行表示。但同一段字幕内的文字不可以加入空行作为间隔，否则会被视为另一段字幕的开头。

<embed>

此标签可以使用外部的播放程序嵌入网页来播放音频，当所要播放的文件不被 HTML5 的<audio>或<video>支持的时候，就可以使用<embed>来开启。但是如果浏览器找不到可播放此文件的插件的话，那就仍然无法播放。范例中使用 swf 文件作为示范，浏览器会自动选择 flahs player 来进行播放。

\范例\ch02\2-3-5_embed

```
<embed src="horse.swf" />
```

2.4　Web 应用程序

Web 应用程序指的是我们在网页上看到可以用来输入信息，并传送给服务器的这类程序，例如填写注册会员时要填的个人资料。在 HTML 里面它有一个专有名词，也就是窗体(form，也有叫"表单"的，本书统一称为"窗体")。<form>从历代 HTML 以来就一直存在，是网页传输数据时使用的重要标签，我们来看看 HTML5 里面新增了哪些窗体元素。

<datalist>

使用此标签可以替<input>标签增加下拉菜单，因此需配合<input>标签调用"文字输入框"一起使用。以下范例通过<datalist>轻松完成电影菜单，除了可以从下拉菜单中选择之外，也可以在输入框内输入关键词通过"自动完成（autocomplete）"功能完成剩余文字的输入。如图 2-15 所示。

图 2-15　<datalist> 标签用于下拉式选单

\范例\ch02\2-4-1_datalist

```
<input id="Movie" list="movie"/>
<datalist id="movie">
    <option value=" 星际效应 ">
    <option value=" 饥饿游戏 ">
    <option value=" 特务交锋 ">
</datalist>
```

使用<datalist>标签有几项特性需注意：

- list 与 id：input 中的"list"应与 datalist 中的"id"一致。
- option：在 option 标签中加入选项。
- value：在 value 中指定选项的文字。

<keygen>

在送出窗体数据时会产生一组验证密钥，私钥会保存在客户端（client），公钥则会传送到服务器端（server），可在需要验证身份时使用。

\范例\ch02\2-4-2_keygen

```
<html>
    <body>
        <form action="/example/html5/demo_form.asp" method="get">
        Username： <input type="text" name="usr_name" />
        Encryption： <keygen name="security" />
        <input type="submit" /> </form>
    </body>
</html>
```

<keygen>可使用的属性包括：

- autofocus: 在网页加载时，自动获得 focus。
- disabled: 使对象无法被选择。
- form: 指定所属的窗体 ID。
- id: 指定对象所属 ID。
- keytype: 指定密钥的算法，有 RSA、DSA、EC 可选。
- name: 数据字段名称。

<output>

可使用 JavaScript 输出计算后的结果。在范例中先用"oninput"属性决定 x 变量的计算方式，接着通过两种 input 类型"range"和"number"来输入数值，最后直接用<output>标签显示 x 计算后的结果。如图 2-16 所示。

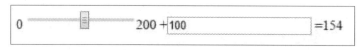

图 2-16　用<output>标签显示计算的结果

\范例\ch02\2-4-3_output

```
<html>
    <body>
        <form oninput="x.value=parseInt(a.value)+parseInt(b.value)">0
        <input type="range" id="a" value="100">200
        +<input type="number" id="b" value="100">
        =<output name="x" for="a b"></output>
        </form>
    </body>
</html>
```

<output> 标签有以下属性可供使用：

- class：指定对象的类。
- for：指定与计算结果相关的 id。
- id：指定对象所属的 id。
- name：数据字段名称，建议与 id 相同。
- style：设置显示样式。

<meter>

使用此标签可以显示统计图表中的直方图，对于呈现如意见调查之类的相关信息非常有用。如图 2-17 所示。

图 2-17　<meter>标签可用于显示统计图表的直方图

\范例\ch02\2-4-4_meter

```
<h1> 订盒饭 </h1>
<p> 荤 45 人 </p>
<meter value="9" min="0" max="10">9/10</meter><br>
<p> 素 5 人 </p>
<meter value="0.1">10%</meter>
```

<meter> 有三种属性可以使用：

- max：范围数值中最大的可能值
- min：最小的可能值
- value：代表当前的值。
- 文字：当直方图无法正常显示时，会以文字替代。

<progress>

此标签与<meter>的显示效果类似，但是比较适用于表示动态改变的进度条，例如网页加载进度。因此，在实用上会配合 JavaScript 更新 value 属性，建立动态更新进度条的效果。如图 2-18 所示。

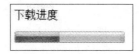

图 2-18 <progres>标签适用于显示进度条

\范 例\ch02\2-4-5_progress

<p> 下载进度 </p>
<progress value="42" max="100"></progress>

<progress> 有以下属性可供使用。

- max：范围数值中最大的可能值
- value：代表当前的值。
- 文字：当直方图无法正常显示时，会以文字替代。

第 3 章

CSS3 应用

CSS 是负责网页外观的艺术总监，凡是网页里的文字、图片、表格、窗体等组件，通通得听它的号令进行排版。虽然 HTML 里也有关于外观设计的标签，但远远不及 CSS 可以做到的精准定位、多层次的颜色、框线变化，甚至还能更改鼠标光标的形状，以及做出类似动画般梦幻的过场效果，带给我们更缤纷的在线体验。

在本章中将学到的重点内容包括：

- 认识 CSS 基础语句
- 使用 CSS 设计文字与图片
- 使用 CSS 美化表格与窗体

3.1　CSS 基础知识

CSS 与 HTML 是相辅相成的网页技术，但是 CSS 语言在应用上却与 HTML 略有不同。接下来要先跟大家介绍 CSS 的语句构造以及引用方式，待认识了 CSS 的基础之后，才能灵活发挥 CSS 提供的丰富样式。

CSS 是什么

CSS 全名是 Cascading Style Sheets，是一种样式表单（Stylesheet）语言。CSS 诞生的理由是为了替 HTML 这种标记语言（markup language）处理页面外观与页面布局的部分，凡是字体、颜色、边距、定位、背景等都有专用的样式可以设置。

虽然在前几代的 HTML 里就已经出现了可以控制外观的标签，但除了功能比起 CSS 简单许多外，每个浏览器却不一定都支持，这让开发人员伤透脑筋。因此，这时候才出现专注于"设计"区块的网页设计语言，于是催化了 CSS 的诞生。

CSS 中的样式不仅得到所有浏览器的支持，开发人员在设计网站时可以更清楚地将"数据"与"外观"的程序设计部分分开，也就是让 HTML 文件仅保存文件结构，而 CSS 专心负责网页的外观显示，它们各司其职让整个程序的维护更加容易。

CSS3 闪亮登场

随着 HTML 升级到第 5 版，当然 CSS3 也不甘落后地推出了更加丰富的新样式，例如盒子模型、列表模块、超链接方式、语言模块、背景和边框、文字特效、多栏布局等等。灵活应用 CSS3 甚至能直接设计出各种好玩有趣的小游戏，例如打鳄鱼这种过去要用 Flash 处理动画才能做出的游戏，现在完全只要靠 HTML 和 CSS 就能完成；甚至更高级一点的 2D 射击游戏，也可以靠 CCS3 就能够完全实现，是不是非常神奇呀！如图 3-1 所示。

图 3-1　用 CSS 就可以完全实现的游戏

CSS 基本语句

CSS 虽然与 HTML 的语句结构不太一样，但是毕竟两个是相辅相成的好朋友，因此许多属性的相似度颇高，在学习时会有种似曾相识的感觉，甚至有些在经营个人博客的朋友，早就已经使用了简单的 CSS 来打造个人风格的网页。接下来要详细介绍 CSS 的基本语句结构，由于 CSS 是游戏设计非常重要的一个环节，学习绝对不能马虎唷！

❖　**基本声明**

CSS 语句是由"选择器"、"属性"和"设置值"三个元素所组成。声明 CSS 的基本语句如下：

```
选择器 {
  属性：设置值；
  …
}
```

- 选择器

选择器的功能是用于指定在 HTML 程序中遇到何种标签时，就套用括号内的属性与设置。选择器主要有三种类型，分别是"Type"、"Class"和"ID"。Type 是 HTML 里会使用到的选择器标签，例如<body>、<header>等；Class 和 ID 则是由开发人员自行定义的选择器。

- 属性

属性与设置值会成对地出现，属性可能是背景颜色（background-color）、字体大小（font-size）等需要被设置的元素。一个选择器里面可以有多个属性，属性之间要用分号";"隔开。

- 设置值

设置值则是决定"属性"呈现的方式，例如可以将背景颜色（background-color）的设置值指定为红色（red）。

套用背景颜色所使用的 CCS 语句如下所示，可以从这条语句中找出选择器、属性和设置值吗？

```
body {
    background-color: #FFFF00;
}
```

- body：Type 选择器，当在 html 里遇到<body>标签时套用这个样式。
- background-color：选用背景颜色的属性。
- #FFFF00：将背景颜色指定为这个颜色代码。

❖ 集体声明

如果有多个标签要共享同样的样式，就可以使用集体声明的方式让程序变得更简洁。举例来说，若要将<h1>、<h2>和<h3>内的文字设置为红色，可以这样进行集体声明：

```
h1,h2,h3 {
    color:red;
}
```

❖ Class 声明

除了上述的 Type 声明方式，也就是除了用 HTML 内原有的标签来声明之外，也可以使用自行声明的名词来设置样式，Class 声明就是其中的一种。Class 声明的基本结构如下：

```
.css 文件
.myStyle {
    Color: red;
}
```

与 type 声明不同的是，在 class 名称前面必须加上一个点"."作为标识，除此之外，要套用到 HTML 文件里面的方式也有所不同，必须在 HTML 标签内加上"class"属性并指定我们所命名的选择器名称，方法如下：

```
.html 文件
<p class="myStyle">
黄色的字
</p>
```

❖　**type 结合 class 声明**

至于还有一种 type 结合 class 声明的方式，适用于需要在不同 HTML 标签中使用同种名称的 class 选择器，但要给予不同的设置。举例来说，声明一个 class 为"myTextColor"代表专门用来处理文字颜色，但是希望在<b>标签里和<i>标签中，能够显示不同的文字颜色。这时候可以在 css 文件中这样声明：

```
.css 文件
b.myTextColor {
    Color: red;
}
i.myTextColor {
    Color: yellow;
}
```

回到 HTML 文件中就可以如下进行应用，虽然 class 都指定为 myTextColor，但在不同的标签下显示结果也不同。

```
.html 文件
<b class=" myTextColor "> 粗体是红色 </b>
<i class=" myTextColor "> 粗体是黄色 </i>
```

❖　**ID 声明**

ID 声明和 Class 声明同样是自行替选择器命名的方式，但是 ID 选择器在 HTML 文件中只能出现一次，主要用来配合 Javascript 中的 GetElementByID 函数，而 Class 就没有使用次数的限制。使用 ID 声明时，要在选择器名称前面加上井字符号"#"作为标识。

```
.css 文件
#myTextColor {
    Color: red;
}
```

引用 CSS

要在网页中显示 CSS 样式表单的设置，必须从 HTML 文件中引用 CSS。一般常见的引用方式共有三种，分别是内联（Inline）、嵌入（Embed）以及外部链接（External link）。一般在设计游戏的时候都采用"外部链接"方式，这样比较方便进行程序代码的整理与维护。

❖　**内联样式表单**

内联样式表单是直接在 HTML 标签中加入 style 属性进行设置的，同样以设置<body>的背景色为黄色作为示范，引用语句如下：

```
<body style = background-color: #FFFF00;>
    <p> 黄色背景 <p>
</body>
```

❖ **嵌入样式表单**

嵌入样式表单同样是直接在 HTML 文件中引用 CSS，但这次是以把<style>当作标签进行设置，且<style>通常要放在<head>标签内。引用语句如下：

```
<head>
<style type=text/css>
    body {background-color: #FFFF00;}
</style>
</head>
<body>
    <p> 黄色背景 <p>
</body>
```

❖ **外部样式表单**

外部样式表单是将 CSS 独立保存为一个扩展名为.css 的文件，然后在 HTML 文件中通过一行指令指定 CSS 文件的存放位置，加载时直接从外部将内容导入。这样做的好处是可以将网页外观的 CSS 与网页结构 HTML 分开处理，有益于程序代码的管理。因此，实际的做法是将 CSS 文件与 HTML 文件存放在同一个文件夹中，然后在 HTML 文件的<head>标签内加入<link>来指定从外部加载 CSS 文件。引用语句如下：

```
<link rel=stylesheet type=text/css href=style.css>
```

这段语句中的"href"属性是用来指定 CSS 文件存放的路径，因为我们将 CSS 文件取名为 style.css，并与 HTML 文件存放在同一个文件夹下，所以直接引用 style.css 即可。最后，这行语句必须放在 HTML 文件中的<head>标签内，所以完整的语句如下：

```
<head>
    <link rel=stylesheet type=text/css href=style.css>
</head>
<body>
    <p> 黄色背景 <p>
</body>
```

通过引用外部样式表单的方式，可以同时对多个网页进行一致的外观管理，只要修改单个 CSS 文件就可以同步更改所有链接到此 CSS 文件的 HTML 网页，在维护上相当方便。

实战 CSS

接下来，以一个实际范例来呈现 HTML 文件引用外部 CSS 文件达到控制网页外观的方式。可以从本书下载文件的"\范例\ch03\3-1"文件夹中使用 Notepad++打开范例，从范例中发现存在两个文件，分别是 HTML 文件"test.html"和 CSS 文件"style.css"。

在 HTML 文件中，通过<link>导入外部的 CSS 文件 style.css，除此之外不在这里使用任何的外观标签。

\范 例\ch03\3-1\test.html

```
<html>
    <head>
        <title> 范例 </title>
        <link rel="stylesheet" type="text/css" href="style.css" />
    </head>
    <body>
        <h1> 样式表单 </h1>
    </body>
</html>
```

在 CSS 文件中使用 type 声明方式，指定 HTML 文件内<body>标签内对象的背景颜色为黄色。

\范 例\ch03\3-1\style.css

```
body {
    background-color: yellow;
}
```

最后用浏览器打开"test.html"，将会看到一个具有黄色背景的页面。恭喜！你已经完成了自己的第一个样式表单了。

3.2　文字与图片

文字与图片是构成游戏画面最基础、也是最重要的元素，游戏开发人员最常遇到的问题就是虽然美术人员已经将游戏版面规划完善，但因为程序员对 CSS 不熟悉而导致无法排出与规划相同的版面，这样就让整个游戏外观大打折扣了。因此，在本节中我们就先来谈谈在 CSS 中常见的文字与图片样式，才有办法在后面的游戏画面布局时做到精准的排版。

文字样式

在文字的 CSS 样式中又可区分为两大分类。其一是字体（font），主要用于规定文字的外观，例如字体、大小、粗体、斜体等等；其二是文字（text），主要用于文字的排版，例如对齐、字距、行距等等。

字体（font）

字体主要用于规定文字的外观，常见的属性包括：

- font-family（字体）
- font-style（斜体）
- font-weight（粗体）
- font-size（大小）

❖ {font-family}

属性 font-family 是用来指定字体的属性，例如可以指定字体为"Arial"、"Times New Roman"或"黑体"等。之所以会称为"family"是因为可以设置一组字体列表，当游戏加载的时候会按照这组列表"依次"选用字体，当目前载体没有安装第一顺位的字体时，就会自动选用第二顺位的字体显示。实际使用方式请参考以下范例。

在 HTML 文件中使用<link>导入 CSS 文件，并指定 text1 使用 font1 样式，text2 使用 font2 样式。

\范例\ch03\3-2-1_font-family\test.html

```
<html>
<head>
  <title> 范例 </title>
  <link rel="stylesheet" type="text/css" href="style.css" />
</head>
<body>
  <p class="font1">text1</p>
  <p class="font2">text2</p>
</body>
</html>
```

声明 font1 样式中的 font-family 属性包括"impact"和"arial"，而 font2 样式包括不存在的字体"xx"以及"arial"。

\范例\ch03\3-2-1_font-family\style.css

```
.font1 {font-family: impact, arial;}
```

```
.font2 {font-family: xx, arial;}
```

从显示结果可以发现，text1 直接以第一顺位的"impact"字体显示；而 text2 因为第一顺位的字体不存在，所以选用第二顺位的"arial"字体。如图 3-2 所示。

图 3-2　设置文字的字体

❖　{font-style}

属性 font-style 用来决定字体要以 normal（正常）、italic（斜体）或 oblique（斜体）显示，如图 3-3 所示，请参考以下范例。

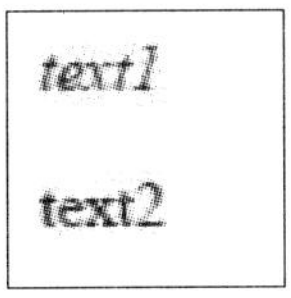

图 3-3　设置字体的字样

\范 例\ch03\3-2-2_font-style\style.css

```
.font1 {font-style: italic;}
.font2 {font-style: oblique;}
```

注：由于 HTML 文件的内容都相同，所以不再重复说明。

❖　{font-weight}

属性 font-weight 用来指定字体显示的粗细，可以选择 normal（正常）或 bold（粗体），也可以用 100 到 900 之间的数值表示，请参考以下范例。

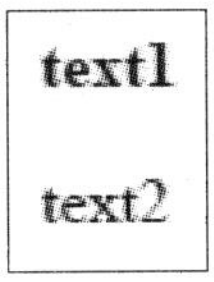

图 3-4　设置字体的粗细

\范 例\ch03\3-2-3_font-weight\style.css

```
.font1 {font-weight: bold;}
.font2 {font-weight: 500;}
```

❖ {font-size}

属性 font-size 用来指定字体显示的大小，可以通过多种不同的单位，例如像素(px)、百分比(%)等，如图 3-5 所示。请参考以下范例。

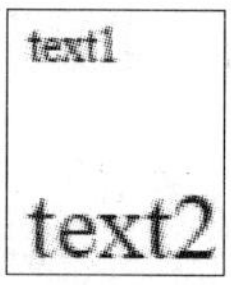

图 3-5　设置字体显示的大小

\范例\ch03\3-2-4_font-size\style.css、

```
.font1 {font-size: 9px;}
.font2 {font-size: 150%;}
```

❖ {font}

属性 font 可用于简化字体声明的程序行数，例如原本声明了四种 font 属性样式，通过 font 就可以缩写成一行指令即可完成。但需要特别注意的是，font 后面所使用的属性必须按照<font-style>、<font-variant>、<font-weight>、<font-size>、<font-family>的顺序排列，属性之间以空格分隔，若无需设置的属性可以跳过。请参考以下范例指令：

\范例\ch03\3-2-5_font\test.html

```
.font1 {
    font-style: italic; font-weight: bold; font-size: 16px; font-family: impact;
}
```

使用 font 缩写：

\范例\ch03\3-2-5_font\style.html

```
.font1 {
    font: italic bold 16px impact;
}
```

文字（text）

文字主要用于文字的排列设置，例如方向、对齐方式、字距、行距等，常用的属性包括：

- Direction（文字方向）
- letter-spacing（字母间距）
- line-height（行高）
- text-align（对齐方式）
- text-decoration（划线方式）

- text-indent（第一行空格）
- text-transform（字母大小写）
- word-spacing（单字间距）

❖　{direction}

属性 direction 用来决定文字的方向，可设置从左开始阅读"LTR"与从右开始阅读"RLT"两个值。请参考以下范例。

\范 例\ch03\3-2-6_direction\style.css

```
.font1 {direction:LTR;}
.font2 {direction:RTL;}
```

❖　{letter-spacing}

属性 letter-spacing 用来决定字符与字符之间的距离（字距），单位使用 px，值设置越大则字母与字母间的距离越大，如图 3-6 所示。请参考以下范例。

图 3-6　设置字符之间的间距

\范 例\ch03\3-2-7_letter-spacing\style.css

```
.font1 {letter-spacing: 1px;}
.font2 {letter-spacing: 8px;}
```

❖　line-height

属性 line-height 用来决定行与行之间的距离（行距），单位使用 px，值设置越大则行与行之间的距离越大，如图 3-7 所示。请参考以下范例，使用行距设置让两行的字距离近一点。

图 3-7　设置行间距

\范 例\ch03\3-2-8_line-height\style.css

```
.font1 {line-height: 12px;}
```

❖ **text-align**

属性 text-align 用来决定文字的对齐方式，包括靠左对齐（left）、靠右对齐（right）、居中对齐（center）以及左右对齐（justify）。请参考以下范例。

\范例\ch03\3-2-9_text-align\style.css

```
.font1 {text-align: right;}
.font2 {text-align: center;}
```

❖ **text-decoration**

属性 text-decoration 用来决定文字上的划线方式，包括文字下划线（underline）、文字上划线（overline）、文字中间划线（line-through）。如图 3-8 所示，请参考以下范例。

图 3-8　设置文字的划线方式

\范例\ch03\3-2-10_text-decoration\style.css

```
.font1 {text-decoration: overline;}
.font2 {text-decoration: line-through;}
```

❖ **text-indent**

属性 text-indent 用来决定第一行的第一个文字前面要保留多少空白，单位可使用 px 或%。如图 3-9 所示。请参考以下范例。

图 3-9　设置文字前面的留白

\范例\ch03\3-2-11_text-indent\style.css

```
.font1 {text-indent: 12px;}
.font2 {text-indent: 0%;}
```

❖ **text-transform**

属性 text-transform 用来决定一串字符的大小写显示方式，包括第一个字母大写（capitalize）、所有字母大写（uppercase）、所有字母小写（lowercase）。如图 3-10 所示，请参考以下范例。

图 3-10　设置字母的大小写显示方式

\ 范 例 \ch03\3-2-12_text-transform\style.css

```
.font1 {text-transform: capitalize;}
.font2 {text-transform: uppercase;}
```

❖ **word-spacing**

属性 word-spacing 用来设置字与字之间的距离，与 letter-spacing 不同，word-spacing 是以英文的单词为基本单位作为距离的。如图 3-11 所示，请参考以下范例。

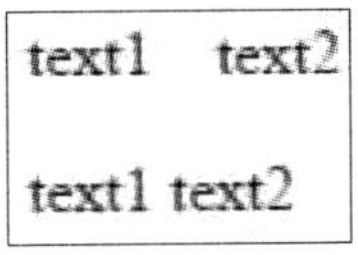

图 3-11　设置英文单词间的间距

\ 范 例 \ch03\3-2-13_word-spacing\style.css

```
.font1 {word-spacing: 12px;}
.font2 {word-spacing: 0px;}
```

图片

在图片的单元中，我们重点要介绍的是如何改变游戏的前景与背景，以及在 CSS 中一个重要的"盒子模式（box model）"布局概念，掌握这些重要技巧，对于游戏版面布局有着举足轻重的影响。

前景与背景

前景属性通常应用于指定文字显示的颜色，而背景属性可以决定游戏图片或是颜色要以何种方式布局在游戏画面的最底层。

- Color（前景颜色）
- background-color（背景颜色）
- background-image（背景图案）
- background-repeat（背景图案重复）
- background-attachment（背景图案滚动）
- background-position（背景图案位置）

❖ {color}

属性 color 用于指定元素的前景颜色。颜色的表示方式共有三种，分别是：

- 16 进制值：每码范围从 0~9，以及 A~F，例如 "#ff0000"。
- RGB 值：RGB 3 码表示，范围介于 0~255，例如 RGB(255, 0, 0)。
- 颜色名称：例如 "red"。

\范例\ch03\3-2-14_color\style.css

```
.font1 {color: #ff0000;}
.font2 {color: rgb(255,0,0);}
```

❖ background-color

属性 background-color 可以通过上色的方式指定元素的背景色。例如以下范例，将<body>与<p>标签填上不同的背景色。

\范例\ch03\3-2-15_background-color\style.css

```
body {background-color: #FF0000;}
p {background-color: green;}
```

❖ background-image

属性 background-image 可以通过加入图像文件的方式指定元素的背景。例如以下范例，使用球的图像作为整个<body>背景，使用 url 指定图像文件的存放路径。设置完成之后会发现画面将以球的图像重复填满整个背景，那是因为我们准备的图像尺寸远比画面显示的长宽小很多，因此系统自动采用重复填满效果帮忙补足空白的部分。

\范例\ch03\ 3-2-16_background-image\style.css

```
body {background-image: url("ball.png");}
```

❖ background-repeat

针对 backgroud-image 属性，如果我们不想使用重复填满的效果，可以加入属性 background-repeat 来指定背景图案的重复方式，包括不重复(no-repeat)、在 x 轴重复(repeat-x)、在 y 轴重复(repeat-y)。请参考以下范例。

\范例\ch03\3-2-17_background-repeat\style.css

```
body { background-image: url("ball.png");
       background-repeat: no-repeat}
```

❖　background-attachment

属性 background-attachment 可以决定当画面滚动时，背景图案要跟着画面滚动(scroll)或不跟着画面滚动(fixed)。请参考以下范例，当此属性设置为"fixed"后，无论画面如何滚动，球都会显示在页面的固定位置上。

\范例\ch03\3-2-18_background-attachment\style.css

```
body {
    background-image: url("ball.png");
    background-repeat: no-repeat;
    background-attachment: fixed;
}
```

（注：练习此范例请记得将浏览器拉到较小显示范围，才能看见滚动条滚动的效果）

❖　background-position

属性 background-position 可以指定图案作为背景所在的坐标，通过此属性可以精准定位背景图案的位置，共有三种指定方式。

- 文字：选择对齐 x 轴与 y 轴的"left"、"right"和"center"。

\范例\ch03\3-2-19_background-position\ style.css

```
body {
    background-image: url("ball.png");
    background-repeat: no-repeat;
    background-position: center center;
}
```

- 百分比：选择放置 x 轴与 y 轴的比例位置。

\范例\ch03\3-2-19_background-position\style1.css

```
body {
    background-image: url("ball.png");
    background-repeat: no-repeat;
    background-position: 50% 50%;
}
```

- 坐标：选择对齐 x 轴与 y 轴的坐标位置。

\范例\ch03\3-2-19_background-position\style2.css

```
body {
    background-image: url("ball.png");
```

```
        background-repeat: no-repeat;
        background-position: 640px 360px;
    }
```

❖ {background}

属性 background 则是上述所有与背景有关的属性的缩写用法。可以用一行指令代表所有对 background 的设置，安排属性时应按照<background-color>、<background-image>、<background-repeat>、<background-attachment>、<background-position>的顺序排列，属性与属性之间保持空格，若不需设置的属性则可以直接忽略不写。例如我们可以将"\范例\ch03\3-2-19"原有的三行指令缩短成一行，如下所示。

\范例\ch03\3-2-20_background\style.css

```
body {
        background: url("ball.png") no-repeat center center;
    }
```

盒子模式(box model)

过去要在网页画面上布局元素是采用"表格"排版的方式，通过设置不同大小的表格、边框，以表格作为网页排版的定位基准。但是改用 CSS 排版之后，这些大小不同的表格全部置换成"盒子（box）"，在画面中摆入不同大小的盒子作为图文内容的表达框架。使用 CSS 的盒子来排版画面，具备程序代码简洁、兼容更多浏览器等优点，使盒子模式成为 CSS 中一个重要的必学概念。

盒子模式被用来描述一个显示图文的表达框架，为了能够更好地操控框架的属性，又可将一个盒子细分为边界（margin）、边框（border）、留白（padding）和内容（content）等四个部分，由于其一层一层的包覆方式，得到了"盒子模式"这个名称。如图 3-12 所示。

图 3-12 盒子模式

❖ {Margin}

属性 Margin 在边框之外，也是盒子最外层的属性，主要用来决定盒子与周围其他元素的距离。由于盒子共有四个边，所以可以分别决定上、下、左、右的距离，设置的属性为：

- margin-top（上边界）
- margin-right（右边界）
- margin-bottom（下边界）
- margin-left（左边界）

我们可以通过三种方式来设置边界，分别是像素、百分比和"auto"，从范例来看看实际设置的方法。

\范例\ch03\3-2-21_margin\style.css

```css
.font1 {
    margin-top:10px;
    margin-left:10%;
    margin-right:10px;
    margin-bottom:auto;
    border: 1px solid 000000
}
```

也可以使用缩写的方式，一次指定四个边的距离，但设置时一定要注意遵循上、右、下、左的顺时针顺序依次提供数值。

\范例\ch03\3-2-21_margin\style.css

```css
.font2 {
    margin: 10px 10px auto 10%;
    border: 1px solid 000000
}
```

❖　{Border}

属性 border 可以控制盒子的边框显示效果，例如边框样式、宽度、颜色等等，常见的属性包括以下几种。

- border-style: style 可以决定外框的样式，例如实线（solid）、虚线（dashed）、双线（double）、点线（dotted）、凹线（groove）、凸线（ridge）、嵌入线（inset）、浮出线（outset）。
- border-width: 可以决定外框的粗细，可用数字（px）表示，或是用文字 thin（薄）、medium（中等）与 thick（厚）来表示。
- border-color: 可以决定外框的颜色，可通过 16 进制数、RGB 编码和文字来设置。
- border-top-，border-left-，border-bottom-，border-right-: 在上述属性前加入这些前导字，可以分别设置上下左右边框的外观。

\范例\ch03\3-2-22_border\style.css

```
.font1 {
    border-style:double;
    border-width:6px;
    border-color:red;
    border-top-color:green;
}
```

- border：使用属性 border 可以将多行 border 设置缩减成一行，但仅限于四个边都用相同的设置时使用。

\范例\ch03\3-2-22_border\style.css

```
.font2 {
    border:   double red 6px
}
```

❖ {Padding}

属性 padding 可以控制内容与边框之间的距离，也就是内容四周的留白部分，因此同样有上下左右四边可以设置，设置的单位可以使用长度（px）、百分比(%)和"auto"。

- padding-top（上）
- padding-right（右）
- padding-bottom（下）
- padding-left（左）

\范例\ch03\3-2-23_padding\style.css

```
.font1 {
    padding-top:10px;
    padding-left:10%;
    padding-right:10px;
    padding-bottom:10%;
    border: 1px solid 000000;
}
```

也可以使用缩写的方式，一次指定四个边的距离，但设置时一定要注意遵循上、右、下、左的顺时针顺序依次提供数值。

\范例\ch03\3-2-23_padding\style.css

```
.font2 {
    padding: 10px 10px 10% 10%;
    border: 1px solid 000000;
```

}

3.3　表格与窗体

学会了 CSS 的文字与图片配置方式后，我们接着可以尝试把这些技巧应用在美化表格与窗体上。通过从 CSS 文件中的选择器选择 HTML 中表格与窗体所使用的标签，就可以在不改动 HTML 结构的情况下修改外观。

表格

❖ HTML5 表格结构

在纯粹只有 HTML5 语句的时候，可以简单地使用<table>、<th>、<tr>与<td>来构造表格的结构，我们先来复习一下 HTML5 的表格标签是如何使用的。如图 3-13 所示。

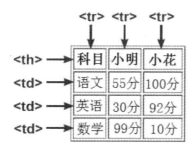

图 3-13　HTML5 的表格结构

- <table>标签：表示整个表格的范围。
- <tr>标签：表示表格中一行的单元格。
- <th>标签：表示表格中一列的单元格。
- <td>标签：表示表格中一个基本的单元格。

上面那样的成绩表格可以通过以下的 HTML 结构来实现。

\范例\ch03\3-3-1_table\test.html

```
<table border="1">
  <tr>
    <th> 科目 </th>
    <th> 小明 </th>
    <th> 小花 </th>
  </tr>
  <tr>
```

```
            <td> 语文 </td>
            <td> 55 分 </td>
            <td>100 分 </td>
        </tr>
        <tr>
            <td> 英语 </td>
            <td>30 分 </td>
            <td>92 分 </td>
        </tr>
        <tr>
            <td> 数学 </td>
            <td >99 分 </td>
            <td>10 分 </td>
        </tr>
</table>
```

❖ 加入 CSS 控制表格

运用我们在前面所学过的图文属性，为表格加上不同的装扮。通过 CSS 选择器标记表格会应用到的标签<table>、<th>、<td>和<tr>，分别给予不同的参数设置。

\范 例\ch03\3-3-2_CSStable\style.css

```
table{
    width:50%;
}
table,th,td{
    border-collapse:collapse;
    border: 2px solid black;
}
th{
    height:50px;
    color:red;
}
td{
    text-align:right;
    color:gray;
}
tr{
    border-bottom:5px solid #0000FF;
}
```

- table{width:50%;}

表格　{宽度: 50%　半版;}

- table, th, td{border-collapse:collapse; border: 2px solid black;}

表格，行，列　{设置表格: 非双线框线; 表格框线粗细: 2　像素颜色: 黑色;}

- th{height: 50px color:red;}

定义标题　{表格高度:50　像素颜色: 红色;}

- td{text-align: right;　color: gray;}

定义行　{文字: 靠右　颜色: 灰色;}

- tr{border-bottom: 5px solid #0000FF;}

定义列　{下边框线粗细:5　像素颜色: 蓝色;}

在不改动 HTML 文件的情况下，就完成了表格的外观布置。如图 3-14 所示。

科目	小明	小花
语文	55分	100分
英语	30分	92分
数学	99分	10分

图 3-14　在不改动 HTML 文件的情况下通过 CSS 的选择器改变表格外观

窗体

窗体是网页中频繁使用的互动元素，主要担任搜集用户信息并存储至后台数据库的角色。在窗体中会使用到的 HTML 标签包括<form>、<input>、<select>和<textarea>等，现在先来复习一下这些 HTML 窗体标签。

- <form>标签: 标记窗体的结构范围。
- <input>标签: 调用一个输入字段。
- <select>标签: 调用一个下拉式选单字段。
- <textarea>标签: 调用一个多行输入的文字栏。

接下来以一个简易的窗体范例，来练习如何建立输入会员资料的窗体。

\范例\ch03\3-3-3_form\test.html

```
<form method="post">
<p> 姓名 :<br><input type="text" name="name" id="name"></p>
```

```
<p> 居住城市 :<br>
<select name="city" id="city">
    <option value="Taipei"> 台北市 </option>
    <option value="Taichung"> 台中市 </option>
    <option value="Kaohsiung"> 高雄市 </option>
</select></p>
<p> 自我介绍:<br><textarea name="comments" id="comments" cols="30" rows="4">
</textarea></p>
<p><input type="submit" name="btnSubmit" id="btnSubmit" value="Submit">
</p>
</form>
```

与表格一样，我们可以通过 CSS 选择器来标示窗体中所使用到的标签，进而改变整个窗体的外观，例如改变单一字段的颜色，适用于提示用户哪些字段是必填的。

\范例\ch03\3-3-4_CSSform\style.css

```
form {
    border: 5px solid #696969;
    width: 300px;
    padding: 3px 6px 3px 6px;
    margin:0px;
    font:16px Arial;
}
select, input, textarea {
    color: #4682B4;
    background-color: #00BFFF;
    border: 1px solid #4682B4;
}
select {
    width: 80px;
}
textarea {
    width: 200px;
    height: 40px;
}
```

同样在不改动 HTML 中窗体结构的情况下，完成了新窗体样式的添加，来比较一下纯 HTML 窗体与加入 CSS 装饰窗体的差别。如图 3-15 所示。

纯 HTML　　　　　　　HTML + CSS

图 3-15

第 4 章

CSS3 网页小游戏

以往的网页互动游戏大多使用 Flash，因此浏览器必须安装 Flash player 才能执行这些游戏。但 HTML5 推出后，只要使用 CSS3 中的动画属性，就可以达到控制动画与玩家互动的效果，让浏览器不再需要安装额外的插件就能开始玩游戏，这也正是 HTML5 带来的最重大变革。

在本章中将学到的重点内容包括：

- CSS3 的动画属性 animation
- CSS3 的渐变属性 Transition
- 实现 CSS "打地鼠" 网页游戏

4.1　制作游戏场景

本书第一个要带大家开发的游戏为"打地鼠",相信大家对这个游戏并不陌生,这是一个在有限时间内单击随机出现的地鼠以获得分数的游戏。可以先从本书下载文件的"\范例\ch04"文件夹中启动游戏来体验一下整个游戏的过程。

游戏策划

❖　**游戏流程**

进入游戏后,地鼠会开始从土堆中以随机的速度出现,时间进度条也会从 0 开始逐渐增加,玩家要在 10 秒内操控鼠标打击地鼠。当打到地鼠的时候,地鼠会出现"碰"的动画提示玩家打击成功,计分栏也会自动加 1 分,最高可以打到 10 分。当游戏时间到的时候,游戏结束画面会以动画的方式弹出,挡住原本游戏的窗口并出现"REPLAY"的链接,供玩家重新启动游戏。游戏画面如图 4-1 所示。

图 4-1　"打地鼠"游戏的画面

❖　**功能模块**

为了实现上述的流程,需要规划六大系统来,包括:

- 初始画面:初始画面的布局包括背景、计分栏、地鼠和计时条。
- 计分系统:若打到地鼠,计分栏的分数会加1,最低零分,最高十分。
- 计时系统:游戏时间计时 10 秒,计时条会显示游戏进行的进度。
- 地鼠系统:总共有五个洞,一个洞最多出现两只地鼠,共十只地鼠。
- 特效系统:地鼠被打击到会出现"碰"字样的特效。
- 动画系统:地鼠 AI、时间条变化、分数更新。

HTML 结构

了解整个游戏的结构之后，先从 HTML 文件中布局游戏会用到的元素开始。HTML 文件的开头，先导入文件格式、编码、标题与 CSS 文件。

```
<!DOCTYPE html>
<html>
<head>
<meta charset="UTF-8" />
<title>CSS PANIC - js do it</title>
<link rel="stylesheet" type="text/css" href="style2.css" />
</head>
```

从<body>开始编排游戏内会出现的组件，包括游戏背景、游戏结束背景、计时器、时间条、土堆，别忘了为这些组件命名，以便于后续的识别。

```
<body>
<!-- 游戏背景 -->
<div id="game">
    <!-- 游戏结束 -->
    <a id="gameover" href=""></a>
    <!-- 时间 -->
    <div id="timer">
        <!-- 时间条 -->
        <div id="progress"></div>
    </div>
    <!-- 土堆 -->
    <div id="mound"></div>
```

在声明地鼠对象的时候，虽然只有五个洞，却要准备 10 只地鼠用于显示，1 到 5 分别与 6 到 10 的地鼠位置分别重叠，也就是说 1 号洞会跑出地鼠 1 和地鼠 6 两只地鼠，2 号洞会跑出地鼠 2 和地鼠 7 两只地鼠，依此类推，可以制造出每个洞会跑出不同地鼠的感觉。

地鼠（enemy）的 type 属性设置为 radio，我们利用 HTML 中 input 标签之 radio 属性的特性，在每只地鼠上各建立了两个同名(id)分组的 radio，当同名分组的两个 radio 其中一个被选取时，另一个则会变成取消的状态。这里设置当 enemy 的这个 radio 被选取时，也就是玩家打到地鼠，就会出现"碰"特效并更新分数。接着每只地鼠的<input>后面跟着一个<divclass="effect"></div>代表显示"碰"动画的对象。

```
<!-- 地鼠 -->
<div id="enemy">
    <input type="radio" name="enemy_1" id="enemy_1"    class="enemys">
    <div class="effect"></div>
```

```
<input type="radio" name="enemy_2" id="enemy_2"    class="enemys">
<div class="effect"></div>
<input type="radio" name="enemy_3" id="enemy_3"    class="enemys">
<div class="effect"></div>
<input type="radio" name="enemy_4" id="enemy_4"    class="enemys">
<div class="effect"></div>
<input type="radio" name="enemy_5" id="enemy_5"    class="enemys">
<div class="effect"></div>
<input type="radio" name="enemy_6" id="enemy_6"    class="enemys">
<div class="effect"></div>
<input type="radio" name="enemy_7" id="enemy_7"    class="enemys">
<div class="effect"></div>
<input type="radio" name="enemy_8" id="enemy_8"    class="enemys">
<div class="effect"></div>
<input type="radio" name="enemy_9" id="enemy_9"    class="enemys">
<div class="effect"></div>
<input type="radio" name="enemy_10" id="enemy_10" class="enemys">
<div class="effect"></div>
</div>
```

布置记分板的内容，在这里将地鼠再以 radio 属性声明 10 个，并预设为被选取的状态，代表当前地鼠还没被打到的初始状态。

```
<!-- 记分板 -->
<div id="score_board">
    <!-- 分数显示区域 -->
    <div id="score_wrap">
        <div id="score">
        <!-- 地鼠死掉时 -->
<input type="radio" name="enemy_1" id="score_1" class="score" checked>
<input type="radio" name="enemy_2" id="score_2" class="score" checked>
<input type="radio" name="enemy_3" id="score_3" class="score" checked>
<input type="radio" name="enemy_4" id="score_4" class="score" checked>
<input type="radio" name="enemy_5" id="score_5" class="score" checked>
<input type="radio" name="enemy_6" id="score_6" class="score" checked>
<input type="radio" name="enemy_7" id="score_7" class="score" checked>
<input type="radio" name="enemy_8" id="score_8" class="score" checked>
<input type="radio" name="enemy_9" id="score_9" class="score" checked>
<input type="radio" name="enemy_10" id="score_10" class="score" checked>
        <!-- 分数 -->
        <div class="score" id="score_11"></div> </div>
    </div>
```

```
            </div>
        </div>
    </body>
```

CSS 样式

完成 HTML 文件的结构安排后，接着进到 CSS 文件中进行基本的游戏画面布局。首先，以星号(*)声明一个所有标签都要继承的属性，设置所有标签的边界（margin）为 0、留白（padding）为 0、字体大小（font-size）为 12px、行高（line-height）为 1.2px。

```
* {
    margin:0;
    padding:0;
    font-size:12px;
    line-height:1.2px;
}
```

设置<html>的背景为黑色，另外从<body>内设置游戏画面尺寸，将宽度（width）设为 465px、高度（height）设为 465px，并将滚动条（overflow）设为隐藏，因为本游戏不需要滚动窗口。

```
html{
    /* 设置黑色背景 */
    background:#000;
}

body{
    width:465px;
    height:465px;
    overflow:hidden;
}
```

接着设置游戏背景，将位置 position 设置为 "relative"，background-position 背景位置(x, y)都设为 0px，background-repeat（背景重复）设为 no-repeat 不重复。

```
/* 游戏背景 */
#game{
    position:relative;
    width:319px;
    height:375px;
    overflow:hidden;
    margin:40px auto 0;
    background-position:0px 0px;
```

```
background-repeat:no-repeat;
}
```

将 user-select 设置为 "none"，让玩家不能通过拖动选取到游戏中所有的动画与文字，在前面加上-webkit 代表 chrome、safari 浏览器的专用属性，加上-moz 代表 Firefox 浏览器的专用属性。

```
/* 鼠标设置 */
*{
    -webkit-user-select:none;
    -moz-user-select:none;
}
```

最后设置游戏图像文件的路径。可以打开游戏的 img 文件夹，先与表 4-1 的变量名称与图像文件名称进行核对，有助于了解后续程序所操控的图层。

表 4-1 对应名称及说明

变量名称	图像名称	用途说明
gameover	gophers-Slice_Gameover.png	游戏结束背景图
game	gophers-Slice_Background.png	游戏背景图
timer	gophers-Slice_Timeboard.png	时间条背景
progress	gophers-Slice_time-line.png	时间条
enemy_1,7,8,9,10	gophers-1.png	地鼠 1
enemy_2,3,4,5,6	gophers-2.png~ gophers-6.png	地鼠 2~6
mound	gophers-Slice_Mound.png	地鼠出现的土堆
score_board	gophers-Slice_Scoreboard.png	计分板背景
score_11	gophers-Slice_Score-2.png	分数 1~10 分
effect	gophers-Slice_Boom.png	"碰" 特效图

```
/* 指定游戏结束时显示的背景图像所对应的该图像文件存放的路径 */
#gameover{
    background-image: url(img/gophers-Slice_Gameover.png);
}
/* 指定游戏场景图像所对应的该图像文件存放的路径 */
#game{
    background-image: url(img/gophers-Slice_Background.png);
}
/* 指定时间条背景图像所对应的该图像文件存放的路径 */
#timer{
    background-image: url(img/gophers-Slice_Timeboard.png);
}
```

```css
/* 指定时间条图像所对应的该图像文件存放的路径 */
#progress{
    background-image: url(img/gophers-Slice_time-line.png);
}
/* 地鼠 1 7 8 9 10 的图像文件所存放的路径 */
.enemys#enemy_`1,.enemys#enemy_7,.enemys#enemy_8,.enemys#enemy_9,
.enemys#enemy_10{
    background-image: url(img/gophers-1.png);
}
/* 地鼠 2 的图像文件所存放的路径 */
.enemys#enemy_2{
    background-image: url(img/gophers-2.png);
}
/* 地鼠 3 的图像文件所存放的路径 */
.enemys#enemy_3{
    background-image: url(img/gophers-3.png);
}
/* 地鼠 4 的图像文件所存放的路径 */
.enemys#enemy_4{
    background-image: url(img/gophers-4.png);
}
/* 地鼠 5 的图像文件所存放的路径 */
.enemys#enemy_5{
    background-image: url(img/gophers-5.png);
}
/* 地鼠 6 的图像文件所存放的路径 */
.enemys#enemy_6{
    background-image: url(img/gophres-6.png);
}
/* 土堆的图像文件所存放的路径 */
#mound{
    background-image: url(img/gophers-Slice_Mound.png);
}
/* 记分板的图像文件所存放的路径 */
#score_board{
    background-image: url(img/gophers-Slice_Scoreboard.png);
}
/* 分数的图像文件所存放的路径 */
#score_11{
    background-image: url(img/gophers-Slice_Score-2.png);
}
/* 特效的图像文件所存放的路径 */
```

```
.effect {
    background-image: url(img/gophers-Slice_Boom.png);
}
```

4.2　制作地鼠和死亡动画

完成基本画面的布局之后，接下来开始制作会"动"的部分。首先说明地鼠以及地鼠被打击到而死亡的动画的制作方式。

地鼠布局方式

在这个游戏中布置了 5 个地鼠洞，为了让玩家能感觉每个洞会跑出不同的老鼠，所以每个洞准备了两只外貌不同的地鼠，在整个游戏中总共有 10 只地鼠可以打击。如图 4-2 所示。

图 4-2　"打地鼠"游戏的 10 只地鼠

地鼠死亡动画的触发原理

布置好 10 只地鼠的位置后，接着要处理判断地鼠是否被打到，若是进而触发死亡动画。为了判断 10 只地鼠有没有被打到，我们在 HTML 文件中声明了 10 组 radio，由于 radio 具有只能选择其中一项的特性，我们先预设一开始的 radio 都停留在 score 样式中，当地鼠被打击到时 radio 就会跳到 enemy 样式，立即触发该地鼠死亡的动画并更新计分，执行地鼠被打到后的处理。如图 4-3 所示。

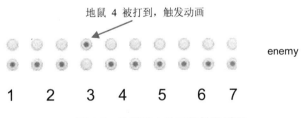

图 4-3　地鼠死亡动画的触发原理

动画属性 Animation

动画属性 Animation 是 CSS 可以独立完成动画的关键，类似 Flash 关键影格的效果，先设置每一格动画要播放的画面，再使用连续播放来做出动画的效果。首先需要决定的是动画的播放属性，可用的属性请参考表 4-2。

表 4-2　CSS 属性

CSS 属性	说明
animation-name	设置 @keyframes 所使用的动画名称
animation-delay	设置加载页面后要隔几秒才开始播放动画
animation-direction	设置动画播完之后是否要用相反的方式播放
animation-duration	设置动画总播放时间的长度
-iteration-count	设置动画的播放次数，infinite 代表不断重复播放
-play-state	设置暂停或继续动画播放
-timing-function	通过加速曲线（acceleration curves）来设置动画播放速度
-fill-mode	设置动画元素在播放前与播放后，如何套用 CSS 的样式

完成参数设置后，接着要使用@keyframes 设置动画的关键影格。影格的切割方式可以使用百分比来指定动画在每个时间点所要显示的内容，0%代表动画播放的第一影格，100%代表动画播放的最后一个影格，0~100%中间可以自由插入多个影格来作为连续播放的内容。

例如在制作地鼠被打到会出现的"碰"动画，我们可以这样设计。先用 name 指定动画名称为 effect1，接着设置 effect1 的@keyframes，在 keyframes 中分别设置 0%、30%、80%和 100%所要显示的图像内容。完成设置后，animation 就会自动帮我们把每个影格串连起来，形成真实的动画。

```
animation-name:effect1
@-webkit-keyframes effect1{
    0% { -webkit-transform: translateX(0px) translateY(0px); opacity:0;}
    30% { -webkit-transform: translateX(-10px) translateY(-10px); opacity:1;}
    80% { -webkit-transform: translateX(-10px) translateY(-10px); opacity:1;}
    100% { -webkit-transform: translateX(0px) translateY(0px); opacity:0;}
}
```

CSS 样式

熟悉游戏的设计原理后，接着就来看如何通过 CSS 语句来实现。首先声明地鼠（enemy）的显示区域。

```
/* 地鼠 显示区域 */
```

```
#enemy{
    position: absolute;
    top:150px;
    left:0;
    width:319px;
    height:100px;
    overflow:hidden;
}
```

绘制每只地鼠的外观。z-index 图层设置为 3；使用 appearance 属性将地鼠设置为 button；将 animation-iteration-count 动画播放次数设为 infinite 无限次；设置鼠标移到地鼠身上时，鼠标光标（cursor）设为 pointer；透明度 opacity 设为 0.9；border 框线设为 none；outline 外框线设为 none 无。

```
/* 绘制地鼠 */
.enemys{
    z-index:3;
    position:absolute;
    top:0px;
    left:0;
    width:49px;
    height:49px;
    display:block;
    -webkit-appearance:button;
    -moz-appearance:button;
    background-position:0px 0px;
    background-repeat:no-repeat;
    -webkit-animation-iteration-count:infinite;
    cursor:pointer;
    opacity:0.9;
    border:none;
    outline:none;
}
```

绘制地鼠出现的起始位置。这里使用了.enemys#enemy_1，代表重新设置在.enemys 下 id 为 enemy_1 的元素。声明 10 个地鼠，并将 1 和 6 设置为同样的出现位置，其他 2 和 7、3 和 8、4 和 9 以及 5 和 10 依此类推。

```
/* 地鼠出现的起始位置 */ /*
1 和 6 同样的出现位置
2 和 7 同样的出现位置
3 和 8 同样的出现位置
4 和 9 同样的出现位置
```

```
5 和 10 同样的出现位置
*/
.enemys#enemy_1 {top:-93px; left:12px;}
.enemys#enemy_2 {top:-93px; left:74px;}
.enemys#enemy_3 {top:-93px; left:135px;}
.enemys#enemy_4 {top:-93px; left:196px;}
.enemys#enemy_5 {top:-93px; left:258px;}
.enemys#enemy_6 {top:-93px; left:12px;}
.enemys#enemy_7 {top:-93px; left:74px;}
.enemys#enemy_8 {top:-93px; left:135px;}
.enemys#enemy_9 {top:-93px; left:196px;}
.enemys#enemy_10{top:-93px; left:258px;}
```

鼠标移到地鼠身上时，将地鼠的透明度（opacity）设置为 1，代表变成完全不透明。

```
/* 鼠标滑在地鼠上时 */
.enemys:hover{opacity:1;
}
```

设置地鼠出现的动画，地鼠的出现会从土堆中往上移动，因此可分成两个阶段来改变地鼠图像的 y 坐标：隐藏全身（位置设为 200px）和全身出现（位置设为 145px）。先来看看地鼠 1 的播放设置。

```
/* 动画 地鼠 1 的动画 AI 设置 */
@-webkit-keyframes enemy_1{
    0% {-webkit-transform:translateY(200px);}
    40% {-webkit-transform:translateY(145px);}
    50% {-webkit-transform:translateY(200px);}
    90% {-webkit-transform:translateY(200px);}
    100% {-webkit-transform:translateY(200px);}
}
/* 设置地鼠 1 的动画播放 */
#enemy_1{
    -webkit-animation-name:enemy_1;
    -webkit-animation-duration:5s;
    -webkit-animation-delay:0s;
}
```

其余地鼠的动画设置方式也差不多，只是我们可以利用 y 像素位移的差异，制造出每只地鼠冒出头来的速度和距离都不同的感觉，游戏才不会显得呆板。以下为 2~10 只地鼠的动画 AI 设置。

```
/* 动画 地鼠 6 的动画 AI 设置 */
```

```
@-webkit-keyframes enemy_6{
    0% {-webkit-transform:translateY(200px);}
    40% {-webkit-transform:translateY(200px);}
    50% {-webkit-transform:translateY(145px);}
    90% {-webkit-transform:translateY(145px);}
    100% {-webkit-transform:translateY(200px);}
}
/* 设置地鼠 6 的动画播放 */
#enemy_6{
    -webkit-animation-name:enemy_6;
    -webkit-animation-duration:5s;
    -webkit-animation-delay:0s;
}
/* 动画　地鼠 2 的 动画 AI 设置 */
@-webkit-keyframes enemy_2{
    0% {-webkit-transform:translateY(200px);}
    40% {-webkit-transform:translateY(200px);}
    50% {-webkit-transform:translateY(145px);}
    90% {-webkit-transform:translateY(145px);}
    100% {-webkit-transform:translateY(200px);}
}
/* 设置地鼠 2 的动画播放 */
#enemy_2{
    -webkit-animation-name:enemy_2;
    -webkit-animation-duration:5s;
    -webkit-animation-delay:1s;
}
/* 动画　地鼠 7 的 动画 AI 设置 */
@-webkit-keyframes enemy_7{
    0% {-webkit-transform:translateY(200px);}
    20% {-webkit-transform:translateY(145px);}
    30% {-webkit-transform:translateY(200px);}
    40% {-webkit-transform:translateY(145px);}
    45% {-webkit-transform:translateY(200px);}
    50% {-webkit-transform:translateY(200px);}
    90% {-webkit-transform:translateY(200px);}
    100% {-webkit-transform:translateY(200px);}
}
/* 设置地鼠 7 的动画播放 */
#enemy_7{
    -webkit-animation-name:enemy_7;
    -webkit-animation-duration:5s;
```

```
        -webkit-animation-delay:1s;
}
/* 动画 地鼠 3 的 动画 AI 设置 */
@-webkit-keyframes enemy_3{
    0% {-webkit-transform:translateY(200px);}
    40% {-webkit-transform:translateY(200px);}
    50% {-webkit-transform:translateY(145px);}
    60% {-webkit-transform:translateY(145px);}
    90% {-webkit-transform:translateY(200px);}
    100% {-webkit-transform:translateY(200px);}
}
/* 设置地鼠 3 的动画播放 */
#enemy_3{
    -webkit-animation-name:enemy_3;
    -webkit-animation-duration:10s;
    -webkit-animation-delay:2s;
}
/* 动画 地鼠 8 的 动画 AI 设置 */
@-webkit-keyframes enemy_8{
    0% {-webkit-transform:translateY(200px);}
    10% {-webkit-transform:translateY(145px);}
    15% {-webkit-transform:translateY(200px);}
    20% {-webkit-transform:translateY(145px);}
    25% {-webkit-transform:translateY(200px);}
    30% {-webkit-transform:translateY(145px);}
    40% {-webkit-transform:translateY(200px);}
    50% {-webkit-transform:translateY(200px);}
    70% {-webkit-transform:translateY(200px);}
    90% {-webkit-transform:translateY(145px);}
    100% {-webkit-transform:translateY(200px);}
}
/* 设置地鼠 8 的动画播放 */
#enemy_8{
    -webkit-animation-name:enemy_8;
    -webkit-animation-duration:10s;
    -webkit-animation-delay:2s;
}
/* 动画 地鼠 4 的 动画 AI 设置 */
@-webkit-keyframes enemy_4{
    0% {-webkit-transform:translateY(200px);}
    30% {-webkit-transform:translateY(160px);}
    50% {-webkit-transform:translateY(145px);}
```

```
        60% {-webkit-transform:translateY(200px);}
        90% {-webkit-transform:translateY(200px);}
        100% {-webkit-transform:translateY(200px);}
    }
    /* 设置地鼠 4 的动画播放 */
    #enemy_4{
        -webkit-animation-name:enemy_4;
        -webkit-animation-duration:10s;
        -webkit-animation-delay:1s;
    }
    /* 动画  地鼠 9 的 动画 AI 设置 */
    @-webkit-keyframes enemy_9{
        0% {-webkit-transform:translateY(200px);}
        20% {-webkit-transform:translateY(200px);}
        30% {-webkit-transform:translateY(200px);}
        60% {-webkit-transform:translateY(200px);}
        70% {-webkit-transform:translateY(145px);}
        75% {-webkit-transform:translateY(160px);}
        80% {-webkit-transform:translateY(145px);}
        85% {-webkit-transform:translateY(160px);}
        90% {-webkit-transform:translateY(145px);}
        100% {-webkit-transform:translateY(200px);}
    }
    /* 设置地鼠 9 的动画播放 */
    #enemy_9{
        -webkit-animation-name:enemy_9;
        -webkit-animation-duration:10s;
        -webkit-animation-delay:1s;
    }
    /* 动画  地鼠 5 的 动画 AI 设置 */
    @-webkit-keyframes enemy_5{
        0% {-webkit-transform:translateY(200px);}
        30% {-webkit-transform:translateY(9200px);}
        60% {-webkit-transform:translateY(145px);}
        100% {-webkit-transform:translateY(200px);}
    }
    /* 设置地鼠 5 的动画播放 */
    #enemy_5{
        -webkit-animation-name:enemy_5;
        -webkit-animation-duration:10s;
        -webkit-animation-delay:2s;
    }
```

```
/* 动画 地鼠 10 的 动画 AI 设置 */
@-webkit-keyframes enemy_10{
    0% {-webkit-transform:translateY(200px);}
    5% {-webkit-transform:translateY(145px);}
    30% {-webkit-transform:translateY(200px);}
    60% {-webkit-transform:translateY(200px);}
    90% {-webkit-transform:translateY(200px);}
    100% {-webkit-transform:translateY(200px);}
}
/* 设置地鼠 10 的动画播放 */
#enemy_10{
    -webkit-animation-name:enemy_10;
    -webkit-animation-duration:10s;
    -webkit-animation-delay:1s;
}
```

绘制地鼠被打时的特效，检查当 enemys 的 radio 被选取时，赋予 effect 显示“碰”的特效动画。以下先进行特效位置的排版。

```
/* 绘制地鼠被打时的特效 */
.enemys:checked + .effect{}
.effect {
    position:absolute;
    z-index:21;
    width: 106px;
     height: 98px;
    -webkit-pointer-events: none;
    pointer-events: none;
    background-position:0px 0px;
    background-repeat:no-repeat;
    opacity:0;
}
/* 特效排版 */
#enemy_1   + .effect{top:0px; left:0px;}
#enemy_2   + .effect{top:0px; left:50px;}
#enemy_3   + .effect{top:0px; left:105px;}
#enemy_4   + .effect{top:0px; left:164px;}
#enemy_5   + .effect{top:0px; left:214px;}
#enemy_6   + .effect{top:0px; left:0px;}
#enemy_7   + .effect{top:0px; left:50px;}
#enemy_8   + .effect{top:0px; left:105px;}
#enemy_9   + .effect{top:0px; left:164px;}
```

```
#enemy_10 + .effect{top:0px; left:214px;}
```

设置特效动画的播放参数。将"碰"效果的播放时间（duration）设置为 0.5 秒；播放次数（iteration-count）设置为 1 次，反向播放动画（direction）设置为 normal，因为只播放 1 次，不需设置反向播放。

```
/* 设置特效动画播放 */
.enemys:checked + .effect{
    -webkit-animation-duration:0.5s;
    -webkit-animation-iteration-count:1;
    -webkit-animation-direction: normal;
}
```

准备两种"碰"动画，地鼠 1~5 播放第一种特效（effect1），地鼠 6~10 播放第二种特效（effect2）。

```
/* 设置各地鼠死亡时不同的特效动画 */
#enemy_1:checked  + .effect,
#enemy_2:checked  + .effect,
#enemy_3:checked  + .effect,
#enemy_4:checked  + .effect,
#enemy_5:checked  + .effect{
    -webkit-animation-name:effect1;
}
#enemy_6:checked  + .effect,
#enemy_7:checked  + .effect,
#enemy_8:checked  + .effect,
#enemy_9:checked  + .effect,
#enemy_10:checked + .effect{
    -webkit-animation-name:effect2;
}
```

设置两种"碰"动画的显示方式，以 transform 设置图像 x 和 y 坐标的位移，并配合透明度（opacity）制造出"淡入淡出"的特效。特效 1 显示"碰"动画会从"左到右"出现，特效 2 会从"右到左"出现。

```
/* 动画  特效淡入淡出*/
@-webkit-keyframes effect1{
    /*
    -webkit-transform 动画移动设置
    translateX(0px) 预移动 X 位置(该像素位置值)
    translateY(0px) 预移动 Y 位置(该像素位置值)
    */
```

```
    0% { -webkit-transform: translateX(0px) translateY(0px); opacity:0;}
    30% { -webkit-transform: translateX(-10px) translateY(-10px); opacity:1;}
    80% { -webkit-transform: translateX(-10px) translateY(-10px); opacity:1;}
    100% { -webkit-transform: translateX(0px) translateY(0px); opacity:0;}
}
@-webkit-keyframes effect2{
    0% { -webkit-transform: translateX(0px) translateY(0px); opacity:0;}
    30% { -webkit-transform: translateX(10px) translateY(-10px); opacity:1;}
    80% { -webkit-transform: translateX(10px) translateY(-10px); opacity:1;}
    100% { -webkit-transform: translateX(0px) translateY(0px); opacity:0;}
}
```

检查 enemys 的 radio 被选取（checked）时，代表地鼠已经死掉。这时可将 animation-name 动画名设为 none 来关闭动画；pointer-events 按键事件设为 none，代表鼠标会直接穿过地鼠，不再显示"手形"的光标；opacity 透明度设为 0，代表地鼠变为完全透明。

```
/* 地鼠死掉时 */
.enemys:checked{
    overflow:hidden;
    -webkit-animation-name:none;
    -webkit-pointer-events:none;
    pointer-events:none;
    opacity:0;
}
```

绘制土堆及其屏蔽。将土堆的图层 z-index 设为 5，让土堆可以盖住地鼠。

```
/* 绘制土堆 */
#mound{
    position:absolute;
    z-index:5;
    top:160px;
    left:0;
    display:block;
    width:319px;
    height:200px;
    -webkit-pointer-events:none;
    pointer-events:none;
    background-position:0px 10px;
    background-repeat:no-repeat;
}
/* 土堆 屏蔽设置 */
#mound .mask{
```

```
        position:absolute;
        -webkit-pointer-events:auto;
        pointer-events:auto;
    }
```

4.3　制作得分动画

第二个要制作会"动"的部分是成功打到地鼠后，会以动画的方式更新计分板。同样，让我们先来了解动画的制作原理，再来看看如何用 CSS 来实现之。

得分动画制作原理

从本项目的 img 文件夹中可以发现，分数数字的图案（gophers-Slice_Score-2）是一长条从 00 到 10 分的图像，我们会通过渐变属性和图层遮蔽的效果来移动每一格分数到显示区（score_wrap），以达到制作得分动画的效果。

如图 4-4 所示，一开始的时候，会将分数"00"排版在显示区中，并用图层盖住其他部分，因此玩家只看得到 00；当触发得分动画时，使用 transition 属性将整个图像下移 63.5px，就会变成将分数"01"移到显示区中，其他分数依此类推。由于每格分数之间有一条白色的线做间隔，因此用 transition 移动时玩家可以清楚地感受到计分板有翻页的效果，就像在运动场上可以看到的机械式计分板一样。

图 4-4　得分动画制作的原理

渐变属性 Transition

渐变属性 Transition 可以用动画展示某个属性逐渐变化的效果。基本语句结构如表 4-3 所示：

表 4-3　transition: [属性] [变换持续时间] [变换效果] [延迟时间];

属性	说明
property	指定变换的属性为哪一种，例如背景颜色 (background)
duration	指定变换过程所需要的总时间长度
timing-function	指定渐变效果，例如 linear（均速）、ease-in（渐快）
delay	指定变换前的延迟时间

CSS 样式

绘制记分板的元素。整个计分板可以拆解成底板（score_board）、分数显示区（score_wrap）、分数数字（score_11）和分数起始地址（score），按序进行外观的布局。

```
/* 绘制记分板 */
#score_board{
    position:absolute;
     top:85px;
    left:85px;
    width:157px;
    height:105px;
    z-index:10;
    background-position:0px 0px;
    background-repeat:no-repeat;
}
/* 分数 显示区域 */
#score_wrap{
  position: absolute;
  top:23px;
  top:22px;
  left:25px;
  width: 111px;
  height: 63.5px;
  overflow: hidden;
}
/* 绘制分数数字 */
#score_11{
    position:relative;
    display:block;
    width: 111px;
    height: 694px;
    -webkit-appearance: none;
    -moz-appearance: none;
    background-position:0px 0px;
    background-repeat:no-repeat;
}
/* 分数起始位置 */
#score{
    position: absolute;
    top: -640px; left:0;
```

```
        width: 111px;
        height: 694px;
}
```

设置分数跳动的动画。将 appearance 显示效果设为 button；transition 动画移动设为.1s linear，代表在 0.1 秒内完成线性移动，通过.score:checked 触发每次移动的高度从 63.5px 移到 0px。

```
/* 动画 跳分数 */
.score{
        position:relative;
        display:block;
        width:111px;
        height:63.5px;
        background-color:transparent;
        -webkit-appearance:button;
        -moz-appearance:button;
        -webkit-transition:.1s linear;
}
```

检查地鼠处于初始状态，也就是还没有地鼠被打击到，显示分数 00。

```
/* 分数归零 */
.score:checked{
        position:absolute;
        top:0px;
        height:0px;
}
```

4.4　制作关卡时间条与游戏结束画面

最后，一个游戏中会变动的对象就是随着游戏时间增加而会不断更新的时间条，以及游戏结束时会由上往下移动盖住整个画面的 Game over 窗口。来看看是怎么实现的吧！

关卡时间条动画原理

学过 animation 属性之后，相信关卡时间条的动画已经难不倒大家了。从 img 文件夹中查看图像文件，先确认时间条的图案是由时间条背景（gophers-Slice_Timeboard）和时间条（gophers-Slice_time-line）所组成，背景不需要动，而时间条则是用 animation 动画来设置在 12.5 秒内从宽度 0% 变成宽度 100%，过程所需的影格就交给 animation 自动补上。如图 4-5 所示。

图 4-5　关卡时间条动画制作的原理

CSS 样式

先声明时间条背景与时间条本身，定义其图层和位置信息，并为时间条指定一个名为 progress 的 animation 动画，稍后要用影格来制作计分条随时间变长的特效。

```css
/* 时间条背景 */
#timer{
    position:absolute;
    top:310px;
    left:5px;
    z-index:10;
    width:309px;
    height:50px;
    background-position:0px 0px;
    background-repeat:no-repeat;
}
/* 时间条 */
#progress{
    position:absolute;
    top:7px;
    left:114px;
    width:170px;
    height:36px;
    background-position:0px 0px;
    background-repeat:repeat-x;
    -webkit-animation-name:progress;
    -webkit-animation-timing-function:linear;
    -webkit-animation-duration:12.5s;
    -webkit-animation-delay:0.5s;
}
```

设计时间条动画，根据上面所设置的 duration 为 12.5 秒，代表 12.5 秒内计分条的宽度（width）会从 0px 增加到 170px，刚好占满整个时间条背景。

```
/* 动画 时间条 */
@-webkit-keyframes progress{
    /*
    照着 12.5 秒时间变长
    */
      0% {width:0px;}
    100% {width:170px;}
}
```

游戏结束背景同样也是使用 animation 属性，让整个背景从上方往下进入游戏窗口，但是因为必须盖在游戏画面的最上面，因此图层（z-index）要设置为 20，高于其他游戏中的对象。

```
/* 游戏结束背景 */
#gameover{
    position:absolute;
    top:0;
    left:0;
    width:319px;
    height:375px;
    background:rgba(0,0,0,0.5);
    -webkit-animation-name:gameover;
    -webkit-animation-timing-function:linear;
    -webkit-animation-duration:13s;
    -webkit-animation-delay:0.5s;
    z-index:20;
    background-position:0px 0px;
    background-repeat:no-repeat;
    opacity:1;
}
```

游戏结束背景的动画，其实在游戏一开始就已经播放了，只是在游戏进行时间内，都将背景图案放在游戏窗口之外（top:-465px），并设置为透明（opacity:0）。当游戏接近尾声，也就是下面所设置的 97%到 100%时，才让背景进入窗口并将透明度设为 1，于是出现在玩家面前。

```
/* 动画 游戏结束画面 */
@-webkit-keyframes gameover{
    /*
    % 数为动画的时间轴长度百分比
    */
     0% {top:-465px; opacity:1;}
    97% {top:-465px; opacity:0;}
```

```
            100% {top:0px; opacity:1;}
    }
```

到此就已经完成了 CSS3 打地鼠游戏的设计,全程通过 animation 属性控制所有动画的播放时机,相信大家对 CSS3 操控动画的能力有了更深的认识。

第 5 章
常用的触发事件与组件

在开发游戏的历程中，往往有许多需要和玩家互动的组件需要处理，但我们知道 HTML 可专门用于处理游戏结构，而 CSS 则用于负责游戏美工，若想让游戏具备与玩家互动的效果，就必须导入 HTML5 家族的另一个成员——JavaScript 语言。在这个章节中将介绍在开发 HTML5 游戏中常用的触发事件和组件，并通过 JavaScrip 来实现。

在本章中将学到的重点内容包括：

- 鼠标单击事件监听
- 键盘按键事件监听
- 网页锚点跳转技巧
- 浏览器信息检测
- DOM 控制技巧
- 屏幕分辨率检测
- 简易 E-Mail 发送系统
- 日期对象 Date 与计时器的实际运用

5.1　鼠标单击事件监听

在 HTML5 网页游戏中，鼠标可以说是玩家和游戏互动最重要的媒介，因此鼠标单击事件是相当重要的一个环节。一般鼠标可能触发的单击事件包括单击（click）、滑过（over）、离开（out）等操作，JavaScript 中特别声明了一系列的 event handler 来监听各种鼠标事件的发生，方便游戏开发人员设计鼠标单击事件发生时所对应的操作响应。

JavaScript 提要

在介绍鼠标单击事件前，先为不熟悉 JavaScript 的读者认识一下这个语言的基本架构与存放位置。

❖　JavaScript 基本语句

JavaScript 描述语言是一种网页描述语言（script language），主要用于产生与控制网页中的元素，或者检测用户的操作而产生互动效果，有助于增加网页的变化。

JavaScript 是一种面向对象（object-based）的程序设计语言，因此语言的基本结构会包括对象（object）、方法（method）和数值（value）三个要素，指令的基本形式如下：

```
object.method(value)
```

- 对象（object）：JavaScript 中已经声明了多种对象供开发人员调用，方便我们快速处理画面中可能发生的互动需求，常用的对象包括文档（document）、窗口（window）、变量（var）、数学运算（math）、字符串（string）、图片（picture）、视频（video）、声音（sound）、窗体（form）等。
- 方法（method）：每个对象下仍有多种操控需求必须设置，所以其下又分数种执行方法（method）。例如文档（document）对象的作用主要是用来处理"文件编辑"，所以会包含写入（write）、打开（open）、关闭（close）等方法可以操控。
- 数值（value）：最后的数值就是为方法提供所能辨别的数值，以便驱动方法正确地执行我们所想要的结果，例如能驱动 color 的数值就是"red"或 16 进制的颜色码。

❖　JavaScript 程序位置

JavaScript 程序可分成两个部分，分别是"定义程序"与"执行程序"。定义程序是用来声明 JavaScript 的操作内容，而执行程序则是用来指出刚刚所声明的操作内容要在何种情况下触发。

- 定义程序

定义程序一般加在 HTML 的<head>标签中，用来声明操作内容。

```
<head>
    <title>ch5-1-1</title>
    <script type = "text/javascript">
        在此写入　JavaScript
        </script>
</head>
```

通过这样的语句结构，就可以完成 JavaScript 的"Hello World 范例"。

\范例\ch05\5-1-1_hello world.html

```
<html>
<head>
    <title>ch5-1-1</title>
    <script type = "text/javascript">
        document.write("Hello World")
    </script>
</head>
<body>
</body>
</html>
```

- 执行程序

当 JavaScript 操作需要在特定的情况下触发时，除了"定义程序"的部分外，还需要在 HTML 内文中设置执行程序。以下面的范例为例，一样要在页面上显示"Hello World"，但是要通过一个按钮来触发，所以先在<head>标签中写好需要 JavaScript 做的事情；接着在按钮标签<input>的地方加入执行程序 onclick="rest"，代表按下按钮（onclick）后会触发 function hello()里的操作。

\范例\ch05\5-1-2_onclick.html

```
<html>
<head>
    <script type="text/javascript">
        function hello( ) {
        document.write("Hello World")
        }
    </script>
</head>
<body>
```

```
    <form>
    <input type=button value=" 按我 " onclick="hello( )">
    </form>
<body>
</html>
```

鼠标单击事件

复习完 JavaScript 的基本规则后，接着就要进入正题，也就是通过 event handler 监听玩家鼠标的单击事件，游戏内容就可以配合玩家不同的鼠标操作给予反馈与互动。鼠标单击常用的事件包括：单击（OnClick）、滑过（OnMouseOver）和离开（OnMouseOut）、网页载入（OnLoad）、表单送出（OnSubmit）等，以下将分别介绍这些指令的使用方法。

❖ **单击（OnClick）**

单击是最常使用的鼠标事件，可用于当玩家单击画面中某个元素时，触发相关的互动效果。单击通过 OnClick 指令来产生，例如用来检测玩家是否按下了某个按钮或超链接，现在来看看以下几个范例。

● 单击按钮出现提示窗口

使用 onclick 指令监听 input button 是否被单击，当单击时使用 alert 指令显示提示窗口。这个范例的特点，就是直接用 onclick 指令就可以加入 JavaScript 语句，不需额外在<script></script>标签中声明操作。

\范例\ch05\5-1-3_alert.html

```
<body>
    <form>
    <input type=button value=" 点我 " onclick="alert('Hello')">
    </form>
<body>
```

● 单击超链接重置网页

使用标签<a>建立超链接，并加入 onclick 指令检测超链接被单击后，先出现提示窗口，再链接到超链接指定的网址。这个范例的特点是将超链接网址设置为空，在这种情况下画面会自动重新刷新，不会跳转到其他页面，在游戏设计中可以用于设计"replay"的按钮，像上一章的"打地鼠"游戏就是通过这样的原理来重置游戏的。

\范例\ch05\5-1-4_href.html

```
<body>
```

```
    <a href="" onclick="alert(' 画面即将重置 ')">
    按这里
    </a>
<body>
```

- 单击超链接关闭窗口

使用标签<a>建立超链接，并加入 onclick 指令检测超链接被单击后，直接执行关闭窗口 "self.close()" 指令，可用于结束游戏窗口的设计。

\范例\ch05\5-1-5_close.html

```
<body>
    <a href="" onclick="self.close()"> 关闭窗口 </a>
<body>
```

❖ 滑过（over）与离开（out）

鼠标"滑过"与"离开"同样也是很常使用的鼠标事件，在游戏设计中常常应用于鼠标经过某个图案时会触发的变化，此事件通常配合超链接标签<a>进行应用。

下面延续"打地鼠"游戏做一个简单的示范。当地鼠出现的时候，只要鼠标移到地鼠身上，立即就置换成地鼠惊吓的图片，如图 5-1 所示，这样在游戏互动上就能显得更加细致，相信大家从这点可以看出 JavaScript 的魅力。

图 5-1　鼠标滑过图案时触发的变化

\范例\ch05\5-1-6_mouse\test.html

```
<body>
    <a onmouseover="document.gophers.src='hover_gophers-1.png'"
        onmouseout="document.gophers.src='gophers-1.png'">
    img src="gophers-1.png" border=0 name="gophers"
        width="50" height="94">
    </a>
</body>
```

因为要配合超链接标签的使用，所以 onmouseover 和 onmouseout 指令必须加在<a>标签中。当鼠标滑过地鼠身上（over）时，要显示出地鼠受惊吓的图像，使用以下指令，其中"gophers"是自行命名的图像分组名称，而 src 后面接的是图像文件名。

```
onmouseover="document.gophers.src='hover_gophers-1.png'"
```

当鼠标没有落在地鼠身上（out）时，则显示一般的地鼠图像，使用以下指令，其中"gophers"是自行命名的图像分组名称，而 src 后面接的是图像文件名称。

```
onmouseout="document.gophers.src='gophers-1.png'"
```

设置好鼠标滑过与离开的图像显示后，最后设置加载页面时默认显示的图像文件，就显示正常的地鼠图像即可。这里要记得 name 的设置必须要与前面所命名的"分组名称"一致，才可以正常运行。

❖ 网页载入（OnLoad）

这个指令是用于当网页加载时所要触发的操作，通常配合<body>标签来使用。适用于进入游戏时提示适用的浏览器版本等信息，也可以配合计时器实现计算当前进入游戏总时间的功能。现在来看看以下范例。

● 提示适用的浏览器版本

在游戏开始前，也就是玩家刚进入游戏页面时出现提示窗口，说明本游戏运行的最佳环境，例如浏览器版本、分辨率等。以 JavaScript 实现的方式，首先在<script>标签内声明要显示的字符串变量 message，并设计一个 function notice 来开启提示窗口；接着从<body>标签内指定加载页面（onload）时直接执行 function notice。

\范例\ch05\5-1-7_information.html

```
<html>
<head>
    <title>game</title>
    <script type = "text/javascript">
        var message=" 本游戏建议使用  \n"
        var message=message+" \n"
        var message=message+"IE9.0 以上版本 \n"
        var message=message+"1024*768 以上的分辨率 \n"
        function notice(){alert(message)}
    </script>
</head>
<body onload="notice()"> </body>
</html>
```

● 计算进入游戏总时间

从加载游戏画面就启动计时器，以每秒执行一次加 1 来计算进入游戏的总秒数。以 JavaScript 实现的方式，首先声明变量 sec 用来存储当前的秒数，设计一个 timeAdd 函数处理

94

计时功能。

在 timeAdd 函数中，将秒数加 1，并指定 visit 下的 timetext 的数值显示当前秒数（sec），最后设置每 1000 毫秒执行一次 timeAdd 函数。

\范 例\ch05\5-1-8_timer.html

```
<script type = "text/javascript">
    var sec=0
    function timeAdd(){
        sec+=1
        document.visit.timetext.value=sec+" 秒 "
        setTimeout("timeAdd()",1000)
}
</script>
```

在<body>标签中指定加载页面（onload）时即执行 timeAdd 计时，并声明一个 form（命名为 visit），以及之下的 input（命名为 timetest）用来显示当前秒数。

\范 例\ch05\5-1-8_timer.html

```
<body onload="timeAdd()">
<form name=visit>
    <input size=12 name=timetext>
</form>
</body>
```

❖　**窗体送出**（onsubmit）

窗体送出这项鼠标单击事件，则是专门用于检测玩家通过窗体按钮送出信息后触发检查字段信息的功能，因此 onsubmit 指令需配合<form>窗体标签使用。请参考以下范例。

这里设计了一项检查功能，当玩家输入名字并送出数据时，会提示该玩家的信息已记录。以 JavaScript 实现的方式，在<form>标签内加入 onsubmit 指令，当窗体数据送出时提取 form 窗体（命名为 f1）下 input 文字栏（命名为 fname）的文字信息，以提示窗口（alert）显示 "xxx 的信息已记录"。

\范 例\ch05\5-1-9_submit.html

```
<form name="f1" action=""
    onsubmit=alert(f1.fname.value+' 的信息已记录 ')>
    尊姓大名？  <br/>
    <input type="text" name="fname"/>
    <input type="submit" value="Submit"/>
</form>
```

5.2　键盘按键事件监听

既然有鼠标单击事件，自然也有键盘按键事件可以使用了。在 HTML5 游戏中，键盘事件有许多重要的应用，例如调用快捷键功能，或是通过上下左右键（或 WASD 键）来控制游戏中角色的移动。常用的键盘按键事件包括：按下一个键（KeyDown）、按住（keyPress）与放开（KeyUp）等。

按下一个键(onKeyDown)

此事件可以检测玩家按下键盘上的某一个按键，并判断键值后做出相应的操作，此事件可用在<form>、<image>、<link>与<textarea>标签中，现在来看看以下范例。

❖ **提示按下按键**

执行范例后可以看见出现了一个文字框，先用鼠标点一下文字框内，确认光标出现后，在键盘上按任意一个按键，就会出现提示窗口显示"检测到按键"。以 JavaScript 实现的方式，直接将 onKeyDown 安插在<input>标签内，代表在文字框内按下按键时才会触发提示窗口。

\范例\ch05\5-2-1_keyDown.html

```
<html>
<body>
    <form name=f1>
        <input type=text name=key onKeyDown="alert(' 检测到按键 ') " >
    </form>
</body>
</html>
```

❖ **判断按下哪个按键**

当然那么简单的按键事件是没办法满足游戏开发需求的，因此需要加入判断玩家按下了哪一个按键的功能，才能根据按键值来执行相应的操作。先来看看程序的编写方式：

\范例\ch05\5-2-2_keyCheck.html

```
<html>
<head>
    <script type="text/javascript">
    document.write(" 按下 B 键返回 ");
    function keyCheck(e)
    {
```

```
            var keynum;
            var keychar;
            if(window.event)
            {
                keynum = e.keyCode;
            }
            else
            {
                keynum = e.which;
            }
            keychar = String.fromCharCode(keynum);
            if(keychar == "B")
            {
                alert(" 返回上一画面 ");
            }
        }
        </script>
</head>
<body>
        <input type="text" onkeydown="keyCheck(event)"/>
</body>
</html>
```

以 JavaScript 实现的方式，在 keyCheck 函数中首先声明两个变量 keynum 和 keychar。

- 变量 keynum：此变量的作用是用来存储"键值"。在计算机的判断中，当玩家按下键盘上的任一按键时会返回一个按键专用的 ASCII 码，这个码就称为"键值"。
- 变量 keychar：因为我们看不懂 ASCII 码，所以可以通过 String.fromCharCode 字符串转换的功能，把键值转成人类看得懂的"键码"，而变量 keychar 就是用来存储键码，便于接下来编写判断语句时使用。

接着出现了一个判断语句，主要用来判断当前所使用的浏览器是哪个浏览器，由于不同浏览器所使用的"获取键值"指令不同，所以必须先行做判断再选择适合的指令。"windows.event"代表的是 IE 浏览器下的事件，如果是 IE 浏览器的话，就使用"e.keyCode"获取键值，其他浏览器则用"e.which"。

获取键值之后，运用 String.fromCharCode 转换功能，将键值转成我们看得懂的键码，再使用判断语句来检查，如果键码等于"B"的话，就弹出"返回上一画面"的提示窗口。

最后在<body>的<input>标签中加入 onkeydown 指令来触发 keyCheck 事件，即可完成整个键盘检测事件。

按住（keyPress）与放开（KeyUp）

按住（keyPress）与放开（keyUp）是一组由两个操作所组成的键盘检测事件，与 keyDown 不同的是，keyPress 在按键持续按住的过程中会不断地执行我们所设置的功能，而 keyDown 只会在按键按下时执行一次，keyPress 在游戏开发中适用于使用键盘操控游戏角色的移动。这两项功能可用于<image>、<link>以及<form>，在 IE 中也可用于<body>标签内。

以下范例的功能是通过按住与放开按键的检测，来改变页面的背景颜色。当检测到按键被按住（onKeyPress）时，背景颜色设置为红色，且在按键持续按着的过程中都会一直维持红色的背景；当检测到按键放开，则将背景颜色设置为黄色。

\范例\ch05\5-2-3_keyPress.html

```
<html>
<body>
<form>
<input type=text name=key
    onKeyPress="document.bgColor='red' "
    onKeyUp="document.bgColor='yellow' ">
</form>
</body>
</html>
```

5.3 网页锚点跳转

网页锚点跳转的功能常常被应用在手机游戏 app 中，因为手机的显示屏幕范围有限，在不想使用滚动条的情况下，则需要用到页面切换的操作，为了让玩家省去每次换页就要等待画面读取的麻烦，一般的做法就是将游戏的每一个画面放在同一个页面里，这样在进入游戏时就能一次性的读取完成，之后再通过按钮的切换来决定当前要出现在显示范围内的画面，以此达到切换页面的效果。

认识 URL 地址格式

在 HTML 网页中要进行网页锚点跳转，必须依靠网址超链接来实现，所以先给大家介绍 URL 地址格式。一个完整的 URL 格式为：

协议：// 主机路径 ：通讯端口 ？搜索条件 # 标签

- 协议：网址的开头，例如 "http"、"ftp" 等。
- 主机路径：网站存放的位置，例如 "www.google.com"。
- 通讯端口：也就是俗称的 port，例如 "8080"。

- 搜索条件：使用网址传值时会将搜索条件存在网址中传送到其他页面。
- 标签：在同一个页面中设置不同的标签，可以快速地切换不同的显示区域。

所以接收到一个网址 "http://www.web.com/index.html?subject=detail#h1"，经过解析其 URL 格式就可以得到以下的信息：

- 协议：采用超文本传输协议 "http"。
- 主机路径：网站存放位置为 "www.web.com/index.html"。
- 通讯端口：本网址没有使用通讯端口。
- 搜索条件：搜索条件 "subject" 为 "detail"。
- 标签：跳转到标签记号(hash)为 "h1" 的地方。

认识 hash 值

从 URL 格式中可以知道，标签记号（hash）是帮助我们在同一个页面里设置跳转锚点用的特殊记号，在网址中以#字符开头。设置跳转锚点可以将原本需要好几页内容的网站浓缩在一个网页中，并且按照 hash 值的设置来达到动态切换页面的效果，自由载入想要呈现的页面。

用文字描述相当抽象，以下直接通过范例来进行解说。JavaScript 指令 "location.hash" 可以用来设置锚点，锚点的名称必须指定为 HTML 标签中的一个 name 名称。范例中的 setArchor 函数设置一个锚点在 page_one，setArchor2 函数设置一个锚点在 page_two。

\范 例\ch05\5-3-1_hash.html (JavaScript)

```
<script type="text/javascript">
    function setArchor(){
        location.hash = "page_one";
    }
    function setArchor2(){
        location.hash = "page_two";
    }
</script>
```

在 HTML 文件中声明网页结构，总共包含三大部分，分别是切换按钮、第一页和第二页。

- 切换按钮：通过 "onclick" 指令设置按钮按下时执行对应的函数。当 "跳到第一页" 的按钮被按下时，执行 setArchor 函数，也就是将锚点设为 "page_one"；"跳到第二页" 的按钮使用同样的方式将锚点设为 "page_two"。
- 第一页：将<a>标签命名(name)为 "page_one"，前面 "第一页" 按钮所设置的锚点就会找到这个<a>标签的地方来当作页面显示的开头。
- 第二页：同样地，"第二页" 按钮所设置的锚点会找到 name 为 "page_two" 的标签作为显示的第一行。

\范 例\ch05\5-3-1_hash.html (HTML)

```html
<body>
    <button onclick="setArchor()"> 跳到第一页
    </button> <button onclick="setArchor2()"> 跳到第二页 </button>
    <div style="height:1000px;"></div>

    <a name="page_one"> 这是第一页 </a>
    <div style="height:1000px;"></div>

    <a name="page_two"> 这是第二页 </a>
    <div style="height:1000px;"></div>
</body>
```

5.4 浏览器检测

由于目前不同浏览器对于同一事件所采用的属性指令可能不同，再加上浏览器版本对于 HTML5 的支持程度也各有差异，使得在开发游戏时需要考虑到玩家可能使用的浏览器而加入不同的程序代码，因此需要通过事先判定浏览器的名称以及版本，协助程序选择最佳的设置值。

认识 navigator

在 HTML5 中提供了 navigator 对象，可用于检测当前程序所启动的浏览器相关的信息。

❖ **appCodeName**

此方法可调出当前浏览器的内部编码名称。在 IE，Firefox，Safari，Chrome 浏览器中都会显示"Mozilla"。使用方式如下：

```html
<script type='text/javascript'>
    document.write( navigator.appCodeName );
</script>
```

❖ **appName**

此方法可调出浏览器的正式名称。在 IE 下执行会显示"Microsoft Internet Explorer"，Firefox、Safari、Chrome 则显示"Netscape"。使用方式如下：

```html
<script type='text/javascript'>
    document.write( navigator.appName );
```

```
</script>
```

❖ appVersion

此方法可调出浏览器的版本字符串，各个浏览器的输出结果都不同。使用方式如下：

```
<script type='text/javascript'>
    document.write( navigator.appVersion );
</script>
```

❖ language、systemLanguage、userLanguage

此方法可调出浏览器所使用的语言，在 IE 浏览器下需使用 "systemLanguage"、"userLanguage" 指令；在 Firefox、Safari、Chrome 下则使用 "language"。使用方法如下：

```
<script type='text/javascript'>
    if( navigator.appName == 'Netscape'){
        document.write( navigator.language );
    }
    else{
        document.write( navigator.systemLanguage
        +'<br />'+ navigator.userLanguage );
    }
</script>
```

❖ onLine

此方法的结果是一个布尔值，true 表示浏览器当前上线了，false 则代表离线了。使用方法如下：

```
<script type='text/javascript'>
    document.write( navigator.onLine );
</script>
```

❖ javaEnabled()

此方法可检查浏览器的 Java 语言是打开（true）还是关闭（false）的状态。使用方式如下：

```
<script type='text/javascript'>
    document.write( navigator.javaEnabled() );
</script>
```

实践一下 navigator

接下来用一个简易的范例，通过 navigator 对象查看当前浏览器的相关信息。在这个范例中使用 IE 浏览器作为示范，执行结果如图 5-2 所示。

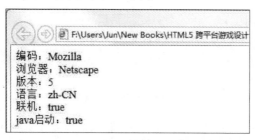

图 5-2　应用 navigator 对象查看当前浏览器的相关信息

这里需要特别注意的是版本方法（navigator.appName），因为在取出版本信息的时候会显示一大串的信息字符串，如果只是想获取版本号的话，可以使用 parseFloat()函数解析成浮点数来显示。

\范例\ch05\5-4-1_navigator.html

```
<head>
    <script type = "text/javascript">
    document.write(" 编码： " + navigator.appCodeName);
    document.write("<br> 浏览器： " + navigator.appName);
    document.write("<br> 版本： " + parseFloat(navigator.appVersion));
    document.write("<br> 语言： " + navigator.language);
    document.write("<br> 联机： " + navigator.onLine);
    document.write("<br>java 启动： " + navigator.javaEnabled());
    </script>
</head>
```

5.5　DOM 控制

文档对象模型（Document Object Model, DOM），是网站内容与 JavaScript 互通的接口，此接口可以让开发人员通过 JavaScript 指令直接控制 HTML 文件里面的标签，例如通过此接口可以直接获取或设置网页文字栏（input 标签）的值，达到信息互动的效果。

认识 getElementById

要控制 HTML 文件里面的标签，首先要先让 JavaScript 能够找到所要控制的目标，这时可以通过"getElementById"来锁定控制标题。document.getElementById 是 DOM 中最常见的应用，用来获取 HTML 特定 id 的元素值，其基本语句如下：

```
document.getElementById("id")
```

括号里面的"id"就是 HTML 标签里面所设置的 id 信息，例如：<div id="target">文字</div>，用 document.getElementById('target').innerHTML 就可以获取 id 为"target"的标签中的文字信息。

❖ **获取文字字段值**

直接用一个例子来示范如何使用"getElementById"来获取<input>标签中的文字，也请注意在 HTML 中要习惯为标签 id 命名，若没有 id 的话，JavaScript 是无法锁定所要控制的标签的。

这个范例中有一个文字字段和一个按钮，当用户在文字字段中输入文字信息并按下按钮后，程序会调用 ShowValue 函数，先用 getElementById("test").value 来获取文字字段的信息，存储在变量 v 中之后，再交给提示窗口(alert)显示。

\范 例\ch05\5-5-1_gotValue.html

```html
<head>
    <script language="javascript">
    function ShowValue(){
        var v=document.getElementById("test").value;
        alert(v);
    }
    </script>
</head>
<body>
    <input type="text" id="test">
    <input type="button" value="got you" onclick="ShowValue()">
</body>
```

❖ **设置文字字段值**

既然能够"获取"文字信息，当然也可以"设置"文字信息。这个范例同样使用一个文字字段和一个按钮，在用户直接按下按钮后，会在文字字段中显示"Hello"的字样，同样使用 getElementById("test").value 指令来控制文字字段中的信息。

\范 例\ch05\5-5-2_setValue.html

```html
<head>
    <script language="javascript">
```

```
        function setValue(){
            document.getElementById("test").value = 'Hello' ;
        }
        </script>
</head>
<body>
        <input type="text" id="test">
        <input type="button" value="set" onclick="setValue()">
</body>
```

其实不只是文字信息可以调整，若想要改变 HTML 标签的属性也是做得到的，指令格式如下：

```
document.getElementById('ID 名称 ').style. 属性 =' 设置值 ';
```

例如要改变文字粗细，可用 style.fontWeight 设置；改变文字颜色可用 style.color 设置，指令参考如下：

```
document.getElementById('choose').style.fontWeight = 'bold';
document.getElementById('choose').style.color = '#FFFFFF';
```

认识 eval()语句

如果有编写程序的经验，就会对 eval()语句的神奇功能感到不可思议。在一般的程序设计语言中如果要进行数字的加减运算，需要结合"变量"与"操作数"来进行运算，但 JavaScript 的 eval()语句可以直接读入一个字符串，并自行分析字符串中的变量和操作数，而后计算出加减乘除的结果，也就是只要给 eval()一个指令，它就可以将结果计算出来。

直接通过一个范例来介绍 eval 语句，这个范例中准备了一个文字字段以及按钮，用户可以直接在字段中输入数学算式，例如"5+3"，接着按下按钮后使用 getElementById 获取字符串，再交由 eval()进行运算，最后将结果显示在提示窗口（alert）上。

\范 例\ch05\5-5-3_eval.html

```
<head>
    <script language="javascript">
    function calc(){
        var v=eval(document.getElementById("test").value);
        alert(v);
    }
    </script>
</head>
<body>
    <input type="text" id="test">
```

```
        <input type="button" value=" 计算 " onclick="calc()">
    </body>
```

实现一个加减乘除计算器

使用 getElementById 和 eval()，可以很容易地在 HTML5 中实现一个加减乘除计算器，接下来将分成 JavaScript 部分和 HTML 部分分别进行说明。

JavaScript 部分用来进行 DOM 的控制，也就是负责获取用户单击的按键，并执行相应的操作，按钮可分成三大部分：

- 数字与加减乘除：按下后调用 calc 函数，接着显示按键内容在文字字段中。
- 等号(=)：按下后调用 op 函数，使用 eval 进行运算并把结果显示在文字字段中。
- 清除(c)：按下后调用 clear 函数，将文字字段设为空白。

\范例\ch05\5-5-4_caculator.html (JavaScript 部分)

```
<head>
    <script language="javascript">
    function calc(n){
    document.getElementById("Ans").value += n;
    }
    function op(){
    document.getElementById("Ans").value =
eval(document.getElementById("Ans").value);
    }
    function clear(){
    document.getElementById("Ans").value = ";
    }
    </script>
</head>
```

HTML 部分用来布局整个计算器的界面，在这里使用<Table>表格标签来布置文字字段以及按钮的位置，排版结果请参考图 5-3。

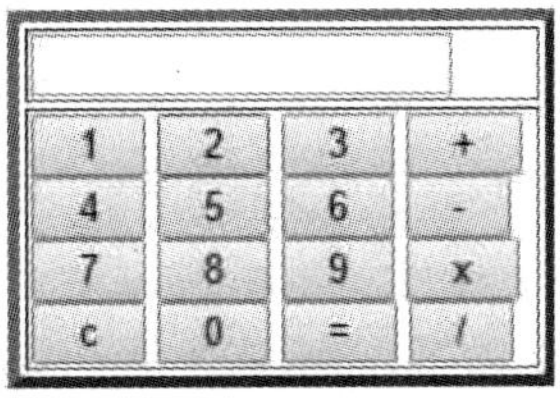

图 5-3　用 HTML 的<Table>表格标签设计出来的计算器的样子

计算器中的每个按钮都使用 OnClick 来指定对应的函数，像数字和加减乘除需使用 calc 函数将按下的值显示在文字字段中；等号使用 op 函数计算出算式的结果；清除(c)则使用 clear

函数将文字字段清空。由于需要使用 getElementById 来获取按键值以及显示文字，所以务必记得每个标签都要命名 id，且不可重复。

\范例\ch05\5-5-4_caculator.html（HTML 部分）

```html
<body>
<Form name="Calc">
<Table BORDER=4>
<tr>
  <td>
  <input type="text" id="Ans" name="Input" Size="16"> <br>
  </td>
</tr>
<tr>
  <td>
  <input type="button" name="one" value=" 1 " OnClick="calc('1')">
  <input type="button" name="two" value=" 2 " OnCLick="calc('2')">
  <input type="button" name="three" value=" 3 " OnClick="calc('3')">
  <input type="button" name="plus" value=" + " OnClick="calc('+')">
  <br>
  <input type="button" name="four" value=" 4 " OnClick="calc('4')">
  <input type="button" name="five" value=" 5 " OnCLick="calc('5')">
  <input type="button" name="six" value=" 6 " OnClick="calc('6')">
  <input type="button" name="minus" value=" - " OnClick="calc('-')">
  <br>
  <input type="button" name="seven" value=" 7 " OnClick="calc('7')">
  <input type="button" name="eight" value=" 8 " OnCLick="calc('8')">
  <input type="button" name="nine" value=" 9 " OnClick="calc('9')">
  <input type="button" name="times" value=" x " OnClick="calc('*')">
  <br>
  <input type="button" name="clear" value=" c " OnClick="clear()">
  <input   type="button"   name="zero" value=" 0 " OnClick="calc('0')">
  <input type="button" name="DoIt" value=" = " OnClick="op()">
  <input type="button" name="div" value=" / " OnClick="calc('/')">
  <br>
  </td>
</tr>
</Table>
</Form>
</body>
```

5.6 分辨率检测

自适应网页是 HTML5 设计的最大特色之一，也就是可以按照用户所使用设备的分辨率、窗口尺寸等信息，自动选择显示效果最佳的版面来显示。为了达到选择最佳版面显示的效果，就需要先检测当前设备的屏幕信息再来进行判断与调整。

检测屏幕数值

JavaScript 中提供了可以检测当前使用设备的屏幕分辨率以及尺寸的方法，以下分别介绍常用的指令。

❖ **属性 screen.height/ screen.width**

此属性可以检测当前设备所使用的分辨率，在计算机中的分辨率信息可以在"桌面"上单击鼠标右键，通过"屏幕分辨率"来查询。如同 5-4 所示。

图 5-4　计算机的屏幕分辨率信息

❖ **属性 clientHeight/ clientWidth**

此属性可以查询整个浏览器窗口的长宽尺寸，数值范围包括整个浏览器窗口，此数值会随着浏览窗口的缩放而改变。如同 5-5 所示。

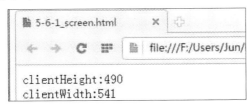

图 5-5　浏览器窗口的长宽尺寸

❖ **属性 availHeight/ availWidth**

此属性可以查询浏览器的可用尺寸，数值的范围仅有"显示内容"的部分，也就是网址栏、网页标签都不计算在内。此数值将计算浏览器最大化时可用的尺寸，不会因浏览器页面的缩放而改变。如图 5-6 所示。

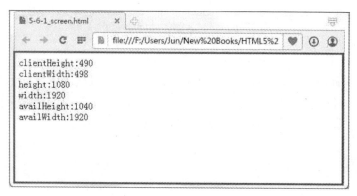

图 5-6　浏览器窗口的可用尺寸

接着通过简易的范例来调用这些方法，可以试着调整浏览器窗口的大小后重新更新网页，看看哪些数值会跟着变化。

\范 例\ch05\5-6-1_screen.html

```
<script type = "text/javascript">
    document.write("clientHeight:" +
    document.documentElement.clientHeight + "<br/>");
    document.write("clientWidth:" +
                document.documentElement.clientWidth + "<br/>");
    document.write("height:" + screen.height + "<br/>");
    document.write("width:" + screen.width + "<br/>");

    document.write("availHeight:" + screen.availHeight + "<br/>");
    document.write("availWidth:" + screen.availWidth + "<br/>");
</script>
```

- 检测当前浏览器页面的高度：document.documentElement.clientHeight
- 检测当前浏览器页面的宽度：document.documentElement.clientWidth
- 检测屏幕分辨率的高度：screen.height
- 检测屏幕分辨率的宽度：screen.width
- 检测浏览器最大可用范围的高度：screen.availHeight
- 检测浏览器最大可用范围的宽度：screen.availWidth

自动转换电脑版与移动版版面

在 HTML5 游戏开发中检测屏幕分辨率与尺寸的目的，最主要就是为了检测当前玩家是用电脑网页方式还是用手机来启动游戏，而后就可以选择最适合的版面来显示游戏画面。

这里提供了自动转换电脑版与移动版版面的程序供大家参考，首先使用 screen.availWidth 来获取浏览器的可用宽度，由于一般手机屏幕的尺寸是 320×480，所以使用 if 判断语句判断：

如果浏览器宽度小于 321，则代表当前设备是手机，那就调用手机版的设置；否则就调用电脑版的设置。通过这样简单的判断就可以完成自适应网页的设计，是不是比想象中的容易很多呢？

\范 例\ch05\5-6-2_myscreen.html

```
<script type = "text/javascript">
  function mymedia()
  {
    var myscreen = screen.availWidth;
    if(myscreen<321){
      document.write(" 手机版 ");
    }
    else{
      document.write(" 电脑版 ");
    }
  }
  mymedia();
</script>
```

5.7　发送 E-Mail——客户回复系统

通过 JavaScript 与 HTML 窗体的结合，可以设计出具有"字段验证"功能的 E-Mail 发送系统。用户可以在窗体中输入 E-Mail 的标题与内容，按下发送后先经过 JavaScript 检查字段信息是否正确，再链接到 E-Mail 程序中进行发送。

使用 Chrome 浏览器启动 mailto

第一次在浏览器中启动 mailto 的链接时，浏览器会询问要用启动哪一种邮件系统程序，除了使用微软内的 outlook 之外，也可以选择用 Gmail。可以先通过以下的设置将 Gmail 设为默认的邮件发送程序，这里使用 Chrome 浏览器做示范，操作步骤如下：

步骤01　使用 Chrome 启动 Gmail 网页并登录。

步骤02　在网址栏的右方，会有一个双菱形的图标，单击双菱形图标。

步骤03　选择"使用 Gmail"作为启动电子邮件的链接。

使用 JavaScript 启动 E-Mail

接下来设计一个简单的 e-mail 程序，分成 JavaScript 和 HTML 两大部分。用户可以输入自己的姓名以及邮件内容，当发送后会启动 Gmail，并将刚刚输入的信息自动带入邮件中。
如图 5-7 所示。

图 5-7　使用 JavaScript 启动 E-Mail 程序

若用户没有填写"姓名"字段就按"发送"按钮，则会在按钮旁出现"请输入姓名"的
提示文字，且不执行邮件程序，这样就实现了字段验证的效果。如图 5-8 所示。

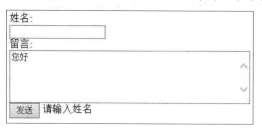

图 5-8　实现字段验证的效果

在程序代码中，JavaScript 部分负责检查字段是否空白，并在启动 E-Mail 程序后将字段
信息填入对应的 Gmail 字段中。

\范例\ch05\5-7-1_mail.html (JavaScript 部分)

```
<head>
    <script type = "text/javascript">
    function mailLaunch()
    {
      if (document.getElementById('name').value.length != 0){
          var link = 'mailto:email@example.com?subject=Message from '
          +document.getElementById('name').value +'&body='
          +document.getElementById('content').value;
          window.location.href = link;
      }
      else{
          document.getElementById('error').innerHTML=" 请输入姓名 "
      }
    }
    </script>
</head>
```

❖　**检查字段**

使用先前学过的 getElementById 检查字符串的长度（length）是否不等于 0。若不等于 0，代表字符串中输入了文字，不是空白，则可以继续接下来的邮件发送操作；若为空白，则使用 innerHTML 提示必须在字段输入信息。可以针对字段的性质设计更复杂的判断方式，例如身份证号、密码长度等。

❖　**填入信息**

JavaScript 使用一长串网址来存储发送 E-Mail 所需的信息，基本需要"信箱"、"标题"以及"内容"三项。

- 信箱：mailto:要发送的信箱。
- 标题：?subject=标题文字。
- 内容：&body=内容文字。

❖　**启动 E-Mail 程序**

将上述组合好的长串网址通过"window.location.href"进行链接，当浏览器读到 mailto 开头的网址时就会自动启动邮件程序，将"信箱"、"标题"和"内容"置入对应的字段中。

在程序代码中，HTML 部分负责窗体显示的部分，提供"姓名"、"留言"以及"发送"按钮供用户填入信息。当姓名字段未填入任何信息却单击"发送"按钮时，就会使用<span>标签显示提示文字，提示用户必须输入信息。

\范例\ch05\5-7-1_mail.html (HTML 部分)

```
<body>
    <form name = "f1" method="post" action = "">
        姓名 :</br>
        <input type="text" id="name" name="name" ></br>
        留言 :</br>
        <textarea id = "content" cols = "45" rows = "5"></textarea></br>
        <input type = "button" value = " 发送 " onclick = "mailLaunch()"/>
        <span id="error"></span>
    </form>
</body>
```

5.8 当前时间日期

日期时间检测——计时器

在游戏开发中经常需要使用到当前日期时间的检测以及计时器的功能，日期时间可以通过 JavaScript 的"日期对象 Date"获得，而计时器在先前的"打地鼠"游戏中就使用过——通过 setTimeout 函数以每秒执行 1 次加 1 来累计游戏时间。

日期对象 Date

日期对象是 Javascript 中内建的对象，可以用来获取当前系统时间的年、月、日、小时、分、秒、毫秒等信息。使用日期对象 Date 时需特别注意，所有的 Date 变量都必须使用 new Date() 来声明才会被当作日期来处理，否则只会得到一个日期字符串。这里将日期对象 Date 常用的函数整理如表 5-1 所示。

表 5-1 Date 常用函数

方法	说明
getDate()	返回日期中的日，每个月的几号
getDay()	返回一星期中的第几天(0~6)。0 是星期天，1 是星期一
getFullYear()	返回年
getHours()	返回小时
getMilliseconds()	返回毫秒数
getMinutes()	返回分钟
getMonth()	返回月份（数值为 0~11，0 代表 1 月）
getSeconds()	返回秒数

实现时间显示与计时器

时间显示与计时器范例，可分为 JavaScript 和 HTML 两个部分进行开发。JavaScript 负责使用 setTimeout 处理计时，使用对象 Date 获取系统日期；HTML 负责提供"开始计时"的按钮，单击按钮后开始每秒更新一次文字字段。

\范例\ch05\5-8-1_time.html (JavaScript 部分)

```
<head>
<script type = "text/javascript">
    var c=0
    function timedCount()
```

```
    {
        document.getElementById('txt').value=c;
        c=c+1;
        setTimeout("timedCount()",1000);
    }
    var nowtime = new Date();
    var time = " 现在时间 " + nowtime.getFullYear() + " 年 " +
                (nowtime.getMonth()+1) + " 月 " +
                nowtime.getDate() + " 日 ";
                document.write(time);
    </script>
    </head>
```

❖ **计时器**

使用自定义的 timedCount 函数处理"显示累计秒数"、"秒数加 1"以及"每 1000 毫秒执行一次"三项操作，实现计时与显示的功能。

❖ **获取日期**

为了将 nowtime 变量设置为日期格式，必须先声明为 new Date，接着再应用 getFullYear 获取"年"、getMonth()获取"月"以及 getDate 获取"日"，就可以得到当前的系统日期。这里要特别注意的是，由于月份的数值范围为 0~11，0 代表 1 月，为了转换成人类习惯的格式，因此将 getMonth()得到的数值加 1。

HTML 部分则声明 1 个 Button 来启动 timedCount 函数，并将当前累计的计时结果显示在文字字段中。

\范例\ch05\5-8-1_time.html (HTML 部分)

```
<body>
<form>
    <input type = "button" onClick = "timedCount()"
            value = " 开始计时 "></input>
    <input type = "text" id = "txt" size = "16" /></input>
</form>
</body>
```

程序的执行效率

日期对象的另外一个应用，可以帮助程序开发人员来监测游戏启动的执行效率如何。程序开发的构想，是应用声明日期变量的时机点，一个日期变量声明在程序执行前，一个日期变量声明在程序执行后，然后用这两个变量所记录的时间相减来得到程序运行的时长。

现在来看看范例程序代码中的做法，这个范例是用来计算浏览器执行十万次循环所需消耗的时间。根据程序开发的构想，在循环执行前声明一个日期变量 start，在循环执行后再声明一个日期变量 end，最后用 end 减去 start 来得到浏览器执行十万次的时长。

\范例\ch05\5-8-2_efficiency.html

```html
<script type="text/javascript">
    var start, end;
    var str=""
    start=new Date();
    for (i=0; i < 100000; i++){
        str=str+i;
    }
    end =new Date();
    document.writeln("运行时间："+(end.getTime()-start.getTime())+"毫秒");
</script>
```

第6章
多媒体播放

画布<canvas>是在 HTML5 才被定义的新标签，具备强大的图形处理能力。<canvas>标签在结合 JavaScript 语句的情况下，可以进行绘制图形、合成图像等操作，也可以用来实现动画影片的控制，让浏览器在不需安装其他插件的情况下处理图像。<canvas>标签的功能完整性，丰富到足以单独出一本书，而本书仅对比较常用的功能进行介绍。

在本章中将学到的重点内容包括：

- Canvas 图形绘制与变形控制
- Canvas 动画应用
- Canvas 多媒体影音播放
- Canvas 动画剧场实践

6.1 Canvas **画布基础绘图**

在前面的章节中简单地介绍了如何在 HTML 中声明<canvas>标签，在这里将进行更深入的探讨。先来谈谈 Canvas 语句的基础，再从静态平面图形切入，介绍如何结合 JavaScript 绘制简单几何图形以及控制图形的变形。

Canvas 语句的基础

在 HTML 中须用一组<canvas>与</canvas>标签定义画布的范围，与其他标签一样，<canvas>元素可以设置 id、width、height、bgcolor 等属性，在没有特别设置的情况下，画布宽的默认值为 300 pixels、高的默认值为 150 pixels、背景为透明。

```
<canvas id="tutorial" width="150" height="150"></canvas>
```

由于<canvas>标签是非常新的元素，所以目前还有可能会遇到部分浏览器不支持的情况（例如 IE9 之前的版本）。因此可以安插一个"错误替代内容（Fallback content）"在<canvas>与</canvas>之间，当画布元素没有办法正常显示时，就会显示错误替代信息。

```
<canvas id="tutorial"> 浏览器不支持画布功能 </canvas>
```

在 HTML 中我们使用<canvas>标签产生一个固定大小的画布区，但要在这个画布区里面绘制或操作图形，需要先定义渲染环境（rendering context）以及获取绘图函数（function），才能在画布区绘图并显现影像。所谓渲染环境指的是要先告诉画布当前要使用 2D 或 3D 的绘图环境，可以通过 JavaScript 方法 getContext()来指定渲染环境，操作的指令如下：

```
var canvas = document.getElementById('tutorial'); var ctx = canvas.getContext('2d');
```

先用 getElementById 获取 id 为"tutorial"的 canvas，接着声明变量 ctx 为 getContext('2d')，指定 ctx 将使用 2D 的绘图环境，接下来 ctx 就可以调用所有的 2D 绘图函数了。

画布样板

根据 Canvas 语句基础的说明，这里设计了一个画布<canvas>的基础样板，包括 JavaScript 的渲染环境、CSS 的画布样式、HTML 的画布声明等三大部分。本章之后的范例将会以这个样板作为原型进行开发。

JavaScript 部分先以 getElementById 取得画布，并声明为 2D 渲染环境。

\范 例\ch06\6-1-1_basicCanvas.html (JavaScript 部分)

```
<script type="text/javascript">
```

```
        function draw(){
             var canvas = document.getElementById('C1');
             var ctx = canvas.getContext('2d');
        }
</script>
```

CSS 部分主要用来装饰画面的外观，这里给画布外加了一个黑框，方便辨别画布的显示范围，此部分可按个人需求选择决定是否需要设置。

\范例\ch06\6-1-1_basicCanvas.html (CSS 部分)

```
<style type="text/css">
     canvas { border: 1px solid black; }
</style>
```

HTML 部分则声明一个 id 叫 "C1" 的画布，范围为 200*200，并在加载画面（onload）时执行 draw 函数。

\范例\ch06\6-1-1_basicCanvas.html (HTML 部分)

```
<body onload="draw();">
     <canvas id="C1" width="200" height="200"></canvas>
</body>
```

绘制图形

使用 getContext('2d')指定变量 ctx 为 2D 渲染环境后，变量 ctx 就可以调用所有的 2D 绘图函数了，在这个单元将介绍绘制几何图形的几个常见方法。

❖ 网格（Grid）

在绘制图形前必须先了解画布网格（grid）的运行机制，也就是所谓的坐标空间。网格的原点(0, 0)坐落在画布的最左上角，网格上的基础单位为像素（pixel），因此当坐标每增加 1，就代表在画面上位移了一个像素。2D 平面的坐标由 x 和 y 所组成，写作(x, y)。在网格中，横坐标轴称为 x 轴，纵坐标轴称为 y 轴。

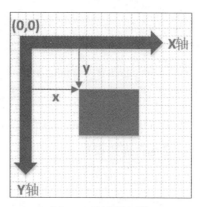

图 6-1　画布的网格

❖ **矩形绘图函数**

绘制矩形的函数共有三个，分别可绘制出"填充"、"边框"及"清除"三种矩形。矩形绘图函数接受四项参数，分别为 x、y、width 和 height，x 与 y 代表矩形左上角的坐标距离原点(0, 0)的距离；width 和 height 则代表矩形的宽与高。各矩形函数的语句如表 6-1 所示。

表 6-1　矩形函数

语句	功能
fillRect(x, y, width, height)	画出一个填充的矩形
strokeRect(x, y, width, height)	画出一个矩形的边框
clearRect(x, y, width, height)	清除矩形区域内的内容

下面通过一个使用三种矩形绘图函数的范例来比较它们的差异。此范例绘制从左到右依次为"填充"、"清除"及"边框"三种矩形，如图 6-2 所示。由于绘图函数是通过 JavaScript 语言来控制，所以列出 JavaScript 的部分程序，其余 CSS 与 HTML 的程序都与基本画布样板相同，就不再重复说明。

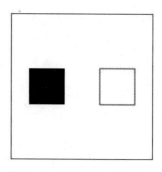

图 6-2　使用三种矩形绘图函数画出三种矩形

\范例\ch06\6-1-2_rect.html (JavaScript 部分)

```
<script type="text/javascript">
```

```
function draw(){
    var canvas = document.getElementById('C1');
    var ctx = canvas.getContext('2d');
    ctx.fillRect(25,75,50,50);
    ctx.clearRect(75,75,50,50);
    ctx.strokeRect(125,75,50,50);
}
</script>
```

❖ **路径绘图函数**

路径绘图函数可以协助开发人员画出不规则的图形，其操作原理是先在画布上定义路径(path)，再用绘图指令将路径描绘出来，然后可以选择画出路径的外框，或是填充路径内容区域来产生图形，最后再结束路径。根据上述操作原理，可将路径绘图函数分类为如表 6-2 所示的几种功能。

表 6-2　路径绘图函数功能

语句	功能
beginPath()	开始路径绘制
moveTo(x, y)	移动画笔到某一坐标，像是把笔从纸上一点提起移到另一点
lineTo(x, y)	从当前坐标画一条直线到 (x, y) 坐标
stroke()	画出图形的边框
fill()	填充路径范围
closePath()	结束路径绘制

以下通过一个绘制三角形的范例，示范路径绘图函数的操作流程。范例执行结果如图 6-3 所示，我们要在画布中绘制一个端点分别为(75, 100)、(150, 180)、(150, 20)的三角形。在程序代码中需依次执行"开始路径绘制"、"图形绘制"、"边框或填充"以及"结束路径"四个过程。

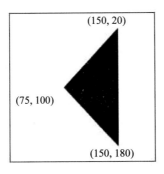

图 6-3　使用路径绘图函数画出三角形

第一步使用 beginPath()产生一个新路径，在关闭路径之前所绘制的每个操作都会被存储在一个子路径（sub-path）中，而这个子路径内的图样集合起来就会形成一个图形。

```
ctx.beginPath();
```

第二步是使用 moveTo(x, y)和 lineTo(x, y)来绘制路径的线条。

语句 moveTo 指的是将画笔移动到指定坐标，实际上的感觉像是把笔从纸上的一点提起移到另一点，通常用于决定一个图形的起点。在这个范例中使用 moveTo 将三角形的起点置于坐标(75, 100)。

```
ctx.moveTo(75,100);
```

语句 lineTo 的作用是从画笔当前坐标画一条直线到(x, y)坐标。由于在上一步已经将画笔的坐标定位在(75, 100)，所以接着用 lineTo(150, 180)，可画出一条从坐标(75, 100)连到坐标(150, 180)的直线。

```
ctx.lineTo(150,180);
```

接着再使用一次指令 lineTo，将坐标(150, 180)到坐标(150, 20)之间用直线连接起来。

```
ctx.lineTo(150,20);
```

第三步则是调用 closePath()方法，此方法会将当前画笔坐标到起始点间画一条直线将图形封闭。但是，当使用 fill()方法来填充路径范围时，将会自动完成图形封闭的操作，就不需要额外使用 closePath()方法；但如果不是用 fill()而是用 stroke()来绘制路径，就要记得配合closePath()方法封闭路径。

```
ctx.fill();
```

最后完成的程序代码如下，通过五行指令执行"开启路径"、"决定三个顶点"以及"封闭路径"三个操作，就能够绘制出三角形的几何图形。

\范例\ch06\6-1-3_path.html (JavaScript 部分)

```
<script type="text/javascript">
    function draw(){
        var canvas = document.getElementById('C1');
        if (canvas.getContext){
            var ctx = canvas.getContext('2d');
            // 画三角形
            ctx.beginPath();
            ctx.moveTo(75,100);
            ctx.lineTo(150,180);
            ctx.lineTo(150,20);
            ctx.fill();
```

```
        }
    }
</script>
```

❖ **弧形**

使用 JavaScript 绘制弧形或圆形，可以使用 arc()方法来实现，由于 arc()方法接受五个参数，所以除了简单的圆形之外，也可以画出各种各样度数不同的弧形。arc()方法的指令如下：

arc(x, y, radius, startAngle, endAngle, anticlockwise)

五个参数分别代表圆心坐标、圆半径、弧形起始点、弧形结束点与顺/逆时针绘制图形，详细说明如表 6-3 所示。

表 6-3　参数及说明

参数	说明
x, y	圆心坐标点
radius	圆半径长度
startAngle	代表沿着弧形曲线上的起始点，可用 PI 来表示
endAngle	代表沿着弧形曲线上的结束点，可用 PI 来表示
anticlockwise	输入 true 代表逆时针作图，false 代表顺时针作图

接着直接用一个范例配合图解来说明五个参数的用途。范例中使用的绘制弧形指令如下：

ctx.arc(100,100,75,0,1.5*Math.PI);

此指令决定一个圆形以坐标(100, 100)为圆心，圆的半径长为 75 pixels，弧的起点为 0，弧的终点为 1.5 * Math.PI，参数 anticlockwise 不输入的话，默认为 false，也就是顺时针作图。

弧的起点与终点参数可以参考下面的图（图 6-4）。在顺时针作图的情况下，圆心横轴的右边为 0 * PI；圆心横轴的左边为 1 * PI；圆心纵轴的上方为 1.5 * PI；圆心纵轴的下方为 0.5 * PI。因此范例绘制从 0 到 1.5 * PI 的弧形，即是画出了四分之三圆周的弧线。

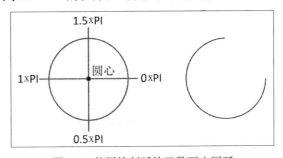

图 6-4　使用绘制弧的函数画出圆弧

完整的圆弧范例程序如下，同样要使用.beginPath()开始绘制，接着用 arc()方法描出弧形，最后用 stroke()方法绘出框线，由于不需要封闭图形，所以就没有使用 closePath()来封闭路径。

\范 例\ch06\6-1-4_arc.html (JavaScript 部分)

```
<script type="text/javascript">
  function draw(){
    var canvas = document.getElementById('C1');
    var ctx = canvas.getContext('2d');
        // 画圆
    ctx.beginPath();
    ctx.arc(100,100,75,0,1.5*Math.PI);
    ctx.stroke();
  }
</script>
```

控制图形的变形

介绍完绘制简单几何图形的函数后，接着来介绍如何使用 JavaScript 控制图形的变形，例如位移（translate）、旋转（rotate）和缩放（scale）等，在游戏设计中经常使用到这些变形方法。

❖　位移（translate）

位移方法可以直接对画布的 x、y 坐标进行移动。所谓对画布进行移动，也就是原本画布定义的原点坐标(0, 0)在画布的左上角，当使用位移方法后，原点坐标将会重新定义成坐标(x, y)的位置，后续绘制的图形将会把坐标(x, y)认作原点坐标(0, 0)。位移指令如下：

translate(x, y)

这里通过一个范例说明位移指令所达到的效果。在这个范例中使用了两次赋予相同参数的矩形绘制方法，理论上会画出重叠且一模一样的矩形。但由于两次的矩形绘制方法中穿插了一个位移指令 ctx.translate(100, 100)，因此第二个矩形将坐标(100, 100)认定为原点坐标而绘制。如图 6-5 所示。

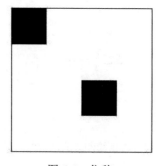

图 6-5　位移

\范 例\ch06\6-1-5_translate.html (JavaScript 部分)

```
<script type="text/javascript">
    function draw(){
        var canvas = document.getElementById('C1');
        var ctx = canvas.getContext('2d');
                ctx.fillRect(0,0,50,50);
                ctx.translate(100,100);
                ctx.fillRect(0,0,50,50);;
    }
</script>
```

❖ **旋转**

与 translate()函数一样，rotate()函数以画布原点 w 为中心来顺时针旋转画布，旋转角度的计算方法与 arc()函数的弧度计算方法相同（弧度= Math.PI * 角度/180）。若想要改变旋转的原点，可以配合 translate()函数先重新定义画布原点再进行旋转。旋转指令如下：

```
rotate(x)
```

这里通过一个范例来说明旋转指令所达到的效果。通过 rotate 指令设置画布原点的旋转角度为 20°，之后所绘制的图形都将会顺时针旋转 20°后再绘制，这个范例以绘制一个矩形为例。如图 6-6 所示。

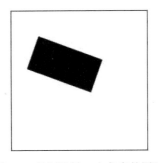

图 6-6　绘制旋转一定角度的图形

\范 例\ch06\6-1-6_rotate.html (JavaScript 部分)

```
<script type="text/javascript">
    function draw(){
        var canvas = document.getElementById('C1');
        var ctx = canvas.getContext('2d');
            ctx.rotate(20*Math.PI/180);
            ctx.fillRect(50,20,100,50)
    }
</script>
```

❖ **缩放**

缩放指令可以改变画布中网格的比例，原本网格的基本单位为 1 pixel，经过缩放指令的变形后，可分别对 x 轴和 y 轴的网格距离进行缩放。缩放指令如下：

```
scale(x, y)
```

缩放指令可输入 x 和 y 两个参数，x 代表缩放画布水平网格单位 x 倍，y 代表缩放画布垂直网格单位 y 倍，因此如果输入 1.0 不会造成缩放。如果输入负值会造成坐标轴镜向，也就是将图样水平翻转，假设输入 x 为-1，那么原本画布网格 x 轴上的正坐标点都会变成负坐标点、负坐标点则变成正坐标点。

接下来通过一个范例来说明缩放指令所带来的效果。此范例使用矩形绘制函数画出两个一模一样的矩形，但是由于两个函数中间插入了缩放指令 ctx.scale(2, 2)，第二个矩形的网格基本单位从原本的 1 像素转换成 2 像素，因此在同样的参数下，第二个矩形不仅起始点的距离多了一倍，矩形大小也成长了一倍。如图 6-7 所示。

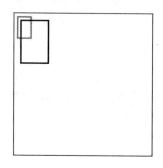

图 6-7　使用缩放函数缩放矩形图形

\范例\ch06\6-1-7_scale.html (JavaScript 部分)

```
<script type="text/javascript">
    function draw(){
        var canvas = document.getElementById('C1');
        var ctx = canvas.getContext('2d');
            ctx.strokeRect(5,5,20,30);
            ctx.scale(2,2);
            ctx.strokeRect(5,5,20,30);
    }
</script>
```

❖ **画布状态保存（save）与恢复（restore）**

在复杂的变形控制中，可能会多次改变画布的位移、旋转、缩放等数值，而这些改变步骤可以通过 save()方法保存现阶段画布所有变形的效果，每一次调用 save()函数，画布的状态就会存进一个"先进后出"的堆栈（stack）之中；然而当需要回到上一个画布设置时，则可以使用 restore()方法来恢复最近一次存储的画布状态,也就是从堆栈中取出最后一个存入的状态,类似键盘的 ctrl+z 效果。

　　这里用一个例子示范画布状态保存与恢复的实际效果。首先在画布的初始状态下调用一次 save()方法,保存正常的画布称为"状态 1";接着通过位移指令 translate(50, 50)改变画布原点坐标再调用 save()方法,保存第二个画布设置称为"状态 2";再来通过 rotate(Math.PI * 20/180),在原点坐标改变后再旋转 20°,此时称为画布的"状态 3"。如图 6-8 所示。

图 6-8　画布状态保存和恢复

　　改变完画布之后开始绘制矩形,首先画出蓝色矩形,此矩形受到了 translate 和 rotate 方法的影响,因此属于在画布处于状态 3 下画出的矩形;接着调用一次 restore()方法,画布回到状态 2 后绘制红色矩形,红色矩形仅受到 translate 方法的影响;最后再调用一次 restore()方法回到状态 1,接着绘制黄色矩形,此黄色矩形则是在画布完全没变形的情况下完成了绘制。各个画布状态与方块颜色的对应表参考如表 6-4 所示。

表 6-4　画布状态及方块颜色

状态编号	画布状态	方块颜色
1	正常	黄色
2	ctx.translate (50, 50)	红色
3	ctx.translate (50, 50) 和 ctx.rotate (Math.PI * 20 / 180);	蓝色

　　完整的程序代码如下。可发现先绘制的蓝色矩形受到了最多的画布变形,而随着 restore()方法的调用,逐步地还原变形,直到最后一个黄色矩形时,已经还原到完全没变形的画布状态。

\范 例\ch06\6-1-8_save.html (JavaScript 部分)

```
<script type="text/javascript">
    function draw(){
        var canvas = document.getElementById('C1');
        var ctx = canvas.getContext('2d');
        ctx.save(); // save state 1
        ctx.translate(50,50);
        ctx.save(); // save state 2
        ctx.rotate(Math.PI*20/180);
```

```
        ctx.fillStyle = 'blue';
        ctx.fillRect(10, 10, 50, 50);

        ctx.restore();// restore state 2
        ctx.fillStyle = 'red';
        ctx.fillRect(10, 10, 50, 50);

        ctx.restore();// restore state 1
        ctx.fillStyle = 'yellow';
        ctx.fillRect(10, 10, 50, 50);
    }
</script>
```

6.2　Canvas 动画应用

学完了基础的几何图形绘制与变形，接下来要感受一下 canvas 处理动画的威力，毕竟游戏美工最重要的就是要让画面动起来，才不会让玩家觉得枯燥乏味。HTML5 的画布提供了强大的动画应用函数，应用这些函数播放一连串的静态影格，就可以让画面"动"起来了。

函数 setInterval()

动画操作的概念是通过快速连续播放无数个静态影格，从通过人类视觉暂留效应达到画面动起来的感觉。因此需要每隔一段时间就会自动执行一次的函数来帮助我们播放影格，JavaScript 所提供的函数 setInterval()便能达到这样的效果。其语句如下：

```
setInterval(function, milliseconds)
```

参数 function 用来标示每隔一段时间就要播放的函数，通常函数内会定义静态影格变化的逻辑；参数 milliseconds 则用来定义每隔多少时间要触发一次 function 的内容，单位为毫秒。

函数 setInterval()的使用方法非常简单，但如何巧妙地应用参数功能来制作影格则是动画运行起来的关键。这里以一个简单的例子作为示范，在这个例子中结合了 strokeText()函数与 setInterval()函数来制作文字动画。

在进入范例前，先介绍函数 strokeText()的功能。此函数是 JavaScript 下的一个方法，其主要功能用来描绘文字的外框，也就是可以帮助我们将文字绘制成图形，以便于后续使用其他的图形控制方法来装饰文字。此函数的语句如下：

```
strokeText(text,x,y,maxWidth)
```

函数 strokeText()包含四个参数，其定义如表 6-5 所示。

表 6-5　函数 stroke Text()

参数	说明
text	要描绘的文字内容
x	文字出现在画布中的 x 坐标
y	文字出现在画布中的 y 坐标
maxWidth	描绘文字的最大宽度（非必要）

认识 strokeText 函数的功能和作用后，接下来就可以结合 setInterval()来设计文字动画了。此范例会在画布中依次且反复播放"L"、"O"、"V"、"E"四个英文字母。

在 JavaScript 中首先声明需要的变量。变量 text 用矩阵的方式存储要播放的四个字母；变量 a 是用来指定当前要播放矩阵内第几个字母的下标。变量 canvas 和 ctx 则是用来声明画布的绘图环境。

```
var text = ['L', 'O', 'V', 'E'];
var a = 0;
var canvas, ctx;
```

接着设计自定义的函数 run。此函数的功能用于声明采用 2D 绘图环境,并通过 setInterval()指定每 750 毫秒要执行 drawText 函数一次。

```
function run() {
    var content = document.getElementById('C1');
    var ctx = content.getContext('2d');
    setInterval(drawText, 750);
};
```

函数 drawText 就是用来描绘文字，以及指定播放字母的程序代码，通过每次指定不同的播放字母，当 setInterval()执行时就可以呈现出不同内容的影格，达到动画播放的效果。为了避免连续播放的文字不断地重叠，所以在显示出文字前必须先清空画面，因此首先使用 clearRect()方法来清空整个画布；再来使用 font 属性指定描绘文字的尺寸与字型；接着便可以开始描绘文字，指定文字内容为变量 text，文字坐标出现在(100, 100)；最后通过变量 a 的累进来变换当前要显示的文字，当文字显示到最后一个"E"时，代表 a 已经累计到 3，就要将 a 重新设为 0，才会重新从"L"开始重复播放。如图 6-9 所示。

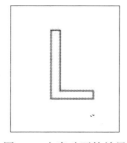

图 6-9　文字动画的效果

```
function drawText() {
    ctx.clearRect(0, 0, 300, 150);
    ctx.font = '72pt Arial';
    ctx.strokeText(text[a], 100, 100);
    if (a < 3) a++;else a = 0;
}
```

由于 strokeText 函数是画布 canvas 下的一个方法，所以一定要在 HTML 部分声明<canvas>才可以使用。整个范例的完整程序代码如下：

\范例\ch06\6-2-1_setInterval.html (JavaScript 部分)

```
<html>
<head>
    <script type="text/javascript">
        var text = ['L', 'O', 'V', 'E'];
        var a = 0;
        var canvas, ctx;
        function run() {
            canvas = document.getElementById('C1');
            ctx = canvas.getContext('2d');
            setInterval(drawText, 750);
        }
        function drawText() {
            ctx.clearRect(0, 0, 300, 150);
            ctx.font = '72pt Arial';
            ctx.strokeText(text[a], 100, 100);
            if (a < 3) a++;else a = 0;
        }
    </script>
</head>
<body onload="run()">
    <canvas id="C1" width="300" height="150"></canvas>
</body>
```

函数 requestAnimationFrame()

使用函数 setInterval()处理动画是早期浏览器所支持的做法，在 IE 10 之后的浏览器，支持一种新的动画播放函数 requestAnimationFrame，之所以会发展这样的函数，是为了优化动画播放的流畅度以及优化对系统资源的消耗。

在使用函数 setInterval()时，由于系统会遵照我们设置的时间间隔执行程序，因此不会去考虑最佳的播放帧数（大部分显示屏幕为 16.7 毫秒更新一次画面），且在浏览器窗口缩小时仍会继续执行，过度绘制动画会造成对硬件资源的浪费。

　　函数 requestAnimationFrame 是专门为动画应运而生的 API，是自动配合浏览器更新画面速度的句柄，并在浏览器不可见时（例如缩小）就停止动画的播放，从而使用适量的硬件资源。由于这个函数在不同浏览器版本下必须使用不同的函数语句，为了方便调用会通过整合的方式来统一函数，之后只要使用"reqAnimFrame"来统一调用就可以了。

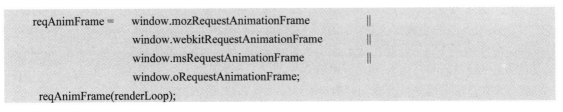

```
reqAnimFrame =    window.mozRequestAnimationFrame          ||
                  window.webkitRequestAnimationFrame       ||
                  window.msRequestAnimationFrame           ||
                  window.oRequestAnimationFrame;
reqAnimFrame(renderLoop);
```

　　参数 renderLoop 代表要执行的动画函数，其实使用方法和 setInterval()有点相同，只是因为 requestAnimationFrame 会自动调整动画播放的时间，因此不需要再设置播放的时间间隔。

　　接下来就用函数 requestAnimationFrame 实现一个小动画，请参考"\范例\ch06\6-2-2_RequestAnimationFrame"。这里设计了一个蓝色方块会随着画布的边框移动。这个范例的设计理念是先行检测方块当前所在的边为上边、右边、下边或左边，然后改变方块的 x 和 y 坐标，最后再根据新坐标绘制新的方块，在快速连续地执行下达到方块移动的效果。如图 6-10 所示。

图 6-10　实现移动蓝色方块的动画效果

　　首先介绍 JavaScript 部分的程序设计概念，在程序的一开始先行声明本范例所需用到的变量。变量 x 和 y 分别代表蓝色方块的位置坐标；变量 speed 代表方块在 x 轴每次位移的距离为 5 pixels；变量 Yspeed 代表方块在 y 轴每次位移的距离为 5 pixels。

```
var x = 0;
var y = 0;
var speed = 5;
var Yspeed = 5;
```

　　接着设计自定义的函数 animate()，在函数的一开始先导入函数 requestAnimationFrame，为满足不同浏览器版本的执行需求，使用之前介绍过的统一整合方法，将每个版本的指令统一整合到"reqAnimFrame"中，且递归调用自己，也就是函数 animate()。

```
reqAnimFrame = window.mozRequestAnimationFrame          ||
               window.webkitRequestAnimationFrame       ||
               window.msRequestAnimationFrame           ||
               window.oRequestAnimationFrame;
reqAnimFrame(animate);
```

自定义函数 animate()的第二部分，开始设计方块坐标位移的判断语句。方块在画布四个边的时候需要不同的坐标定义方式，由于整个画布的范围是 200×200，方块本身的长度的 25×25，因此为了不让方块超出画布范围以外，方块坐标移动的范围只能在 175×175 之间，也就是 200（画布范围）减去 25（方块大小）。

表 6-6 列出了方块坐标改变的逻辑：

表 6-6　方块坐标改变逻辑

方块位置	移动方式	指令
上边	左上到右上	X 坐标增加(x += speed)
右边	右上到右下	Y 坐标增加(y += Yspeed)
下边	右下到左下	X 坐标减少(x -= speed)
左边	左下到左上	Y 坐标减少(y -= Yspeed)

以 if 与 elseif 判断语句检测当前方块所在的位置，决定该采用哪种移动指令，在得到新的 x、y 坐标后调用函数 draw()绘制方块。

```
// 左上到右上
if(y <= 0 && x <= 175){
    x += speed;
}
// 右上到右下
else if(x >= 175 && y <= 175){
    y += Yspeed;
}
// 右下到左下
else if(y >= 175 && x >= 0){
    x -= speed;
}
// 左下到左上
else if(x <= 0 && y >= 0){
    y -= Yspeed;
}
draw();
```

自定义函数 draw()专门用来处理画布清除与方块绘制的操作。先行声明为 2D 渲染环境后，为避免上一次绘制的方块残留，通过 clearRect()清空整个画布，并以属性 fillStyle 指定方块颜色，最后再以新坐标代入 fillRect()中绘制方块。

自定义函数 draw()结束后，最后加入一行 animate()用来当作程序第一次执行的进入点。

```
function draw(){
    var canvas = document.getElementById("ex1");
    var context = canvas.getContext("2d");
    context.clearRect(0, 0, 200, 200);
    context.fillStyle = "#003C9D";
    context.fillRect(x, y, 25, 25);
}
animate();
```

在 HTML 的部分，则声明一个长宽为 200×200 的画布即可。

```
<body>
<canvas id="ex1" width="200" height="200"
        style="border: 1px solid;">
</canvas>
</body>
```

6.3　多媒体影音播放

之前曾经介绍过，在 HTML5 中可以通过<video>标签在网页中播放影片，且不需要再安装额外的插件，此功能已经带给浏览器用户极大的便利。但是基本的<video>标签只提供了简单功能的播放器界面，如果想要改变播放器的外观和功能，只要结合<canvas>标签和 JavaScript 语句，就能制作出酷炫的播放控制器。

函数 drawImage

画布 canvas 是如何与视频 video 标签结合，达到制作各种视频功能的效果呢？其秘诀在于通过画布重新描绘一次视频的内容，将视频的每个画面都转换成画布里的图像，这样就可以通过 JavaScript 语言所提供的图像控制方法来操控它们。所以酷炫播放器所使用的视频功能，并不是针对 video，而是针对描绘出影像的 canvas。

能够描绘影像到画布中的方法为"drawImage()"，此方法允许在 canvas 中插入画布（canvas）、图像（img）和视频（video）等元素。drawImage 方法有三种类型：

- drawImage(image, dx, dy) => 原比例绘制图像
- drawImage(image, dx, dy, dw, dh) => 按设置长宽绘制图像
- drawImage(image, sx, sy, sw, sh, dx, dy, dw, dh) => 裁切后绘制图像

131

各参数的定义整理如表 6-7 所示：

表 6-7　参数的定义

参数	定义
image	可以指定画布、图片或视频的文件作为描绘的对象。
dx 和 dy	在 canvas 中定位的坐标值。
dw 和 dh	绘制区域（相对 dx 和 dy 的坐标偏移量）的宽度和高度值。
sx 和 sy	image 所要绘制的起始位置(裁切点的起始位置)。
sw 和 sh	裁切区域的宽度和高度。

这里以一个简单的范例说明如何使用函数 drawImage 描绘图像（img）。在程序代码中可分为 HTML 与 JavaScript 两个部分。

HTML 部分分别定义了<img>和<canvas>两个标签，在<img>标签中以导入文件的方式显示图片，而<canvas>标签的部分则会在 JavaScript 中通过 drawImage()方法来描绘图像，所以只需要简单定义 canvas 的边框就好。

\范例\ch06\6-3-1_img\6-3-1_image.html (HTML 部分)

```
<body onload="draw()">
    <p>Image:</p>
    <img id="pic" src="gophers.png" alt="pic" width="50" height="50">
    <p>Canvas:</p>
    <canvas id="myCanvas" style="border:1px solid;">
    </canvas>
</body>
```

JavaScript 部分负责处理导入图像文件给画布描绘的操作，因此自定义函数 draw()在读入程序时自动处理。在函数 draw()中首先声明变量 imgx 为 Image 对象，接着指定 imgx 的图像文件来源（src）。

接下来的步骤非常重要，由于要在 imgx 读入程序后才能正确地启动 drawImage()绘图，因此使用 imgx.onload 来等待图像完全读取成功。

读入成功就能执行 2D 环境声明，并调用 drawImage()方法绘图，这时候在画布 canvas 的区域就会出现与<img>标签一样的图像，只是 canvas 中的图像是描绘出来的，后续可以利用其他图形控制指令或图像处理程序来加入特效。

\范例\ch06\6-3-1_img\6-3-1_image.html (JavaScript 部分)

```
<script>
    function draw() {
        var imgx = new Image();
        imgx.src = 'gophers.png';
        imgx.onload = function () {
            var canvas = document.getElementById('myCanvas')
```

```
            var context = canvas.getContext('2d');
            context.drawImage(this, 20, 20, 75, 75);
        };
    };
</script>
```

播放器尺寸的控制

简单地通过 drawImage 描绘图像也许看不出 canvas 的强大，其实真正精彩的是可以通过在画布上描绘的结果中加入 JavaScript 语句来实现的特殊效果或功能。

接下来的范例，就示范如何通过描绘视频与运用 JavaScript 指令来动态调整视频播放器的大小。在这个范例中准备了一个调整杆可以让用户自由调整屏幕播放器的宽度，播放器将以等比例长宽进行缩放。如图 6-11 所示。

图 6-11　视频播放器尺寸的控制

在 HTML 部分包含了两个主要标签。其一是用来调整播放器大小的调整杆，使用<form>下的<input type="range">标签来实现，定义调整范围为 80(min)到 1280(max)，最小调整单位为 1(step)，默认数值(value)为 320。

```
<form>Video Size:
    <input type="range" id="videoSize"
        min="80" max="1280" step="1" value="320"/>
</form>
```

其二是视频播放器，使用<video>标签来导入视频，设置初始宽度为 320、高度为 240。

```
<video autoplay loop controls id="theVideo"
        src="funny.mp4" width="320" height="240">
</video>
```

JavaScript 部分包含了两个主要函数。其一是函数 eventWindowLoaded()，用来检测调整杆是否有变化，若发生变化则将新的设置值读入。首先要先取得当前视频的长宽比，之后在缩放播放器大小时必须维持这个比例缩放，视频才不会变形，使用以下指令来实现：

```
var videoElement = document.getElementById("theVideo");
var widthtoHeightRatio = videoElement.width/videoElement.height;
```

接着监听调整杆是否发生变化。通过 getElementById 锁定要监听的对象 id，接着用 addEventListener 方法检测，如果数值改变（change），则调用函数 videoSizeChanged。

```
var sizeElement = document.getElementById("videoSize");
    sizeElement.addEventListener('change', videoSizeChanged, false);
```

当检测到调整杆发生了变化，即进入第二个函数 videoSizeChanged 中。根据上一步骤锁定的监听对象（target）为调整杆，因此要将调整杆的数值（target. value）指定为播放器的宽度（videoElement.width），而为了让视频的长宽比维持不变，播放器的高度值就用新的宽度（target.value）除以之前计算的长宽比（Ratio）来得到。

```
function videoSizeChanged(e) {
    var target = e.target;
    var videoElement = document.getElementById("theVideo");
    videoElement.width = target.value;
    videoElement.height = target.value/widthtoHeightRatio;
}
```

完整的范例程序如下所示：

\范 例\ch06\6-3-2_video\test.html

```
<html>
<head>
<script type="text/javascript">
function eventWindowLoaded() {
    var videoElement = document.getElementById("theVideo");
    var widthtoHeightRatio = videoElement.width/videoElement.height;
    var sizeElement = document.getElementById("videoSize");
    sizeElement.addEventListener('change', videoSizeChanged, false);
function videoSizeChanged(e) {
    var target = e.target;
    var videoElement = document.getElementById("theVideo");
    videoElement.width = target.value;
    videoElement.height = target.value/widthtoHeightRatio;
    }
}
</script>
</head>
```

```
<body onload="eventWindowLoaded()">
<div>
    <form>Video Size:
        <input type="range" id="videoSize"
                min="80" max="1280" step="1" value="320"/>
    </form>
</div>
<div>
    <video autoplay loop controls id="theVideo"
            src="funny.mp4" width="320" height="240">
    </video>
</div>
</body>
</html>
```

6.4　范例：动画小剧场

在游戏设计中有一种让角色动起来的动画技术称为"sprite"，也就是角色表。角色表是把一系列角色连续动作的图片排序在一起，拼成一张完整的大图片。接着再通过程序控制，快速连续地播放每个窗格的动作，就能够实现角色动画的效果，其概念与 gif 动画的原理相同。在这个范例中将通过 drawimage()和 setInterval()两个函数来设计一个会跳舞的熊猫动画小剧场。

范例画面

请到本书附带光盘"范例\ch06\6-4"的文件夹中执行"test.html"文件。启动后可看到画面中有一只会随着音乐跳舞的小熊猫，如图 6-12 所示。在这个范例中主要用到了三项多媒体元素，分别是背景（background.png）、角色表（sprite.png）与背景音乐（music.mp3）。

图 6-12　随着音乐跳舞的小熊猫

角色表（sprite）原理

以大家熟悉的角色平移类游戏为例（例如超级玛利亚、洛克人等），当我们控制角色左右移动、跳跃时，角色的身体都会做出符合人体现实的摆放动作，而不只是简单的一张图片在画面上平移，这就是通过"角色表（sprite）"来实现的。

一个 sprite 的图片是由一系列角色的连续动作所组成。例如这个范例会使用到熊猫跳舞的例子，我们把熊猫跳舞的连续动作分解成一个个的画面，再将这些画面串接在一起。如图 6-13 所示。

图 6-13　"会跳舞的小熊猫"角色表

当需要播放角色动画时，通过程序控制一次只显示一个动作画面（如图 6-14 所示的框框），然后接连快速地切换播放，就能依靠人类视觉暂留的效应设计出角色的动画效果。

图 6-14　连续播放角色表中的一张张图片就能达到动画的效果

程序剖析

根据角色表的原理，这个范例将应用到 drawimage() 和 setInterval() 两个函数来实现熊猫的动画。我们记得 drawimage() 的功能是用来描绘图像的，但若是通过只描绘"一小部分"的范围，就可以达到裁切图片的效果，将此功能应用在角色表中，就是一次只描绘一个动作的图片，将它显示在屏幕上；至于要达到快速切换的效果，自然要通过 setInterval() 函数来帮助我们每隔一小段时间就执行一次 drawimage() 函数，反复描绘与裁切图片，然后依靠快速切换描绘图片来播放角色表中的连续动作。

理解程序的主要逻辑后，接下来就看看如何以程序代码实现动画小剧场吧！

首先在 HTML 的部分加入 <audio> 标签，用来置入背景音乐。

```
<audio src="music.mp3" id="BG" hidden="true" autoplay="true" loop="true">
</audio>
```

接着进入 JavaScript 的部分，先行声明程序中会使用到的变量。变量 count 代表当前要显示第几格角色表的内容，从角色表中可以知道熊猫的跳舞动作被分解成 9 张图片；变量 x 和 y 代表熊猫在画面中出现的坐标位置。

```
var count = 0, x = 400, y = 180;
```

再来布置游戏场景，分别加载背景（background）、熊猫（sprite）、画布（canvas）。

```
// 加载背景图片
var background = new Image() ;
background.src = "background.png" ;
// 加载人物图片
var sprite = new Image() ;
sprite.src = "sprite.png" ;
// 创建画布
var canvas = document.createElement("canvas") ;
document.body.appendChild(canvas) ;
// 调整画布大小
canvas.width = 1440 ;
canvas.height = 485 ;
```

目前已经完成了画面的基础配置，接下来要通过 drawImage()函数将背景与熊猫描绘到画布中。由于会不断调用这个部分，因此设计一个自定义函数 draw()来实现这个部分，先声明成 2D 环境，并将背景图通过 drawImage()描绘到画布中。

```
function draw() {
    var context = canvas.getContext("2d") ;
    context.drawImage(background, 0, 0) ;
    // 判断当前该播放的图片位置
    //…略…

}
```

描绘完背景之后，接着要处理熊猫的描绘。因为每次要描绘的熊猫范围不同，所以这里设计了一个 switch 机制，通过 count 不断地累进 1，控制 drawImage()当前所要描绘的范围，这里使用的 drawImage()因为它具有裁切功能，所以需要输入更多的参数，这里帮大家复习一下具有裁切功能的 drawImage()函数的各项参数的定义，如表 6-8 所示：

drawImage(image, sx, sy, sw, sh, dx, dy, dw, dh) => 裁切后绘制图形

表 6-8　drwImage()函数的参数定义

参数	定义
image	指定熊猫图 sprite 作为描绘的对象
sx 和 sy	所要绘制的起始位置（裁切点的起始位置)
sw 和 sh	裁切区域的宽度和高度 (170 x 172)
dx 和 dy	熊猫在画布中出现的坐标位置 (x, y)
dw 和 dh	熊猫的宽度和高度 (170 x 172)

当变量 count 累计到 8 时，代表当前已经切换到最后一个画面，此时为了能够从头开始循

环播放，将变量 count 重设为 0。完整的程序代码参考如下：

```
switch(count){
    case 0:
        context.drawImage(sprite, 0, 0, 170, 172, x, y, 170, 172);
        count++;
        break;
    case 1:
        context.drawImage(sprite, 170.33, 0, 170, 172, x, y, 170, 172);
        count++;
        break;
    case 2:
        context.drawImage(sprite, 340.66, 0, 170, 172, x, y, 170, 172);
        count++;
        break;
    case 3:
        context.drawImage(sprite, 510.99, 0, 170, 172, x, y, 170, 172);
        count++;
        break;
    case 4:
        context.drawImage(sprite, 681.33, 0, 170, 172, x, y, 170, 172);
        count++;
        break;
    case 5:
        context.drawImage(sprite, 851.66, 0, 170, 172, x, y, 170, 172);
        count++;
        break;
    case 6:
        context.drawImage(sprite, 1022, 0, 170, 172, x, y, 170, 172);
        count++;
        break;
    case 7:
        context.drawImage(sprite, 1192.33, 0, 170, 172, x, y, 170, 172);
        count++;
        break;
    case 8:
        context.drawImage(sprite, 1362.66, 0, 170, 172, x, y, 170, 172);
        // 跳回第 1 张图
        count=0;
        break;
}
```

　　在程序的最后，通过 setInterval()函数每隔 250 毫秒就重新绘制一次画布，达到快速连续切换熊猫角色表影格的效果，这样便完成了熊猫动画小剧场的程序设计。

```
// 网页加载后执行 draw()
window.onload = setInterval(draw, 250) ;
```

第 7 章
Web 应用

在网络游戏中，必须通过服务器与客户端不断地交换游戏信息，才能更新与同步每个玩家的游戏状态，如此便可以设计出具有网络功能的游戏内容，例如排行榜、好友信息等。在HTML5 游戏开发中，我们习惯将游戏信息以 JSON 格式包装后，通过 AJAX 技术进行传输。

AJAX 是数据传递的一种技术，可以只针对网页某些部分的数据进行更新，节省重新加载整个网页所需耗费的网络带宽资源；JSON 则是一个纯文本格式，用于存储和传送简单的结构化数据。

在本章中将学到的重点内容包括：

- AJAX 传输方法的操作步骤
- 使用 AJAX 传输 XML 数据
- JSON 格式的数据结构
- JSON 格式的编译与解析

7.1　基础介绍

在 HTML5 游戏设计的 Web 应用中，经常通过 AJAX 和 JSON 实现服务器与客户端的数据交换。现在举一个结合 AJAX 和 JSON 应用于网上商城的范例：

- 玩家单击网上商城宝物的缩略图。
- JavaScript 通过 AJAX 将宝物 ID 传送给服务器端。
- 服务器收到 ID，将产品数据（例如：价格、功能）编码成 JSON 格式。
- 把 JSON 数据回传给客户端。
- JavaScript 收到数据，解码（decode）后将数据显示在网页上。

AJAX

从网上商城的范例中，可看出 AJAX 是一种传输数据的方法，其特性在于可与服务器进行少量的数据交换，仅针对网页需要更新信息中的某部分数据重新加载，能够有效地减少网络带宽传输资源的消耗，因此在移动设备上的应用就显得尤为重要。

❖　AJAX 简介

AJAX（Asynchronous JavaScript and XML），译为"异步的 JavaScript 与 XML 技术"，它并不是一种新的程序设计语言，而是以 JavaScript 为基础，专为数据交换所构建的网页开发技术。

在传统的 Web 应用中，当用户在网页上填写了窗体（form，也有称为"表单"的）且送出数据后，页面就会向服务器送出一个请求，在服务器接收窗体信息且处理完毕后，再返回一个新的网页，在这样的过程中往往浪费了许多网络带宽的传输资源，因此窗体"送出前"与"送出后"的两个页面，其中大部分的 HTML 内容是相同的，当用户数量变多就会给服务器端造成很大的负担。

因此 AJAX 最大的优点是采用"异步"更新技术，可以通过 JavaScript 向服务器传送并取回有变化的数据，例如窗体中有改变的部分。其余不变的部分就无需重新传送，这样的做法使得服务器和浏览器之间交换的数据大幅减少，使得服务器可以更快地响应用户的需求，提升网络信息传输的服务质量。

❖　AJAX 核心——XMLHttpRequest

XMLHttp 是 AJAX 传输技术的核心，它是一组 API 函数，也是实现对网页某部分进行更新的关键方法，因此在使用 AJAX 时必须先声明 XMLHttpRequest 对象。在版本较新的浏览器中，例如 IE7、FireFox、Chrome、Safari 和 Opera，采用相同的声明指令：

```
variable=new XMLHttpRequest();
```

在旧版本的浏览器（例如 IE6 之前），则使用 ActiveX 对象来声明：

```
variable=new ActiveXObject("Microsoft.XMLHTTP");
```

然而为了考虑到用户可能通过不同版本的服务器打开网页，所以使用一个 if 判断语句先行判断用户的浏览器版本，再决定要运用何种声明指令。下列程序代码先以 if 判断语句判定"变量 xmlhttp"要使用的 XMLHttpRequest 声明指令，后续只要调用"变量 xmlhttp"，就可以满足各种版本浏览器的使用需求。

```
var xmlhttp;
if (window.XMLHttpRequest){
    // code for IE7+, Firefox, Chrome, Opera, Safari
    xmlhttp=new XMLHttpRequest();
}
else{
    // code for IE6, IE5
    xmlhttp=new ActiveXObject("Microsoft.XMLHTTP");
}
```

❖ **向服务器发送请求**

成功声明了 XMLHttpRequest 对象后，就可以调用对象的方法向服务器发出数据传输的请求，该请求由 open()和 send()两个方法来完成。

* 方法 open()

方法 open()的功能是用来初始化传输的方式，也就是先设置传输过程所要使用的方式（method）、存取文件的网址（url）以及同步或异步方式（async）。方法 open()的指令如下：

```
open(method,url,async);
```

参数：方式（method）

方式（method）的参数可选择"GET"和"POST"两种，GET 的使用方式简单，速度也较快，但在传送大量数据（POST 没有传输量的限制）以及传送未知字符时，POST 的表现则更为稳定。

参数：目标网址（url）

目标网址（url）用来指定服务器上文件的位置，也就是数据所要传输的目标。其文件格式包括 txt、xml、asp 和 php 等。

参数：同步或异步方式（async）

同步或异步方式（async）可输入布尔数值来确定，true 代表异步方式，若要使用 AJAX 方式传输，则此参数必须设置为 true；若要使用同步传输方式，则设置为 false。

- 方法 send()

当使用方法 open()将所有传输参数设置完成后，就可以通过方法 send()启动数据传送，方法 send()仅有一个参数"string"，只有使用 POST 传输时才会用到，若使用 GET 传输则不需要填入任何参数。方法 send()的指令如下：

```
send(string);
```

❖ **服务器处理请求**

当传输请求被送往服务器后，服务器会检测当前的请求处理状态，并且用 readyState 和 status 两个属性来指示出当前处理的进度。每次 readyState 的状态改变都会调用 onreadystatechange 中的函数。

- 属性 readyState

存储 XMLHttpRequest 的处理状态，数值从 0 到 5。
（0：请求未初始化；1：服务器连接已建立；2：请求已接收；3：请求处理中；4：请求已完成且已准备响应数据）

属性 status

数值为 200（准备完成）及 404（未找到页面）两种。

- 属性 onreadystatechange

每次 readyState 状态改变就会执行此函数一次，可配合判断语句来处理每个状态所要执行的操作。以下代码段示范当 readyState 为 4 且 status 为 200 时，代表服务器已经准备好响应数据，执行相应的处理操作。

```
xmlhttp.onreadystatechange=function() {
    if (xmlhttp.readyState==4 && xmlhttp.status==200) {
        // 服务器准备好响应数据后所要处理的操作
    }
}
```

❖ **服务器响应数据**

当服务器准备好响应数据后，可以使用 responseText 或 responseXML 两种属性来获取服务器返回的信息。若来自服务器的数据是以纯文本方式编码的，就使用 responseText；若是以 XML 方式编码的，则使用 responseXML。

结合服务器响应状态（readyState 和 status）的判断，编写的程序代码可以是：当服务器准备就绪时，获得服务器响应的文本数据然后显示在网页上。请参考以下代码段。

```
xmlhttp.onreadystatechange=function() {
  if (xmlhttp.readyState==4 && xmlhttp.status==200) {
    document.getElementById("myDiv").innerHTML=xmlhttp.responseText;
  }
}
```

JSON

JSON 属于将数据以纯文本格式存储的一种方式，类似我们所熟悉的 XML，在 XML 中通过许多标签来结构化一连串的文本数据，而 JSON 只是简单通过中括号、大括号、逗号来区别数据结构，但其小巧及易读的特性，非常适用于网络数据传输的领域。

❖ JSON 简介

JSON（JavaScript Object Notation）以纯文本结构组织所要传送的数据，数据内容包括字符串、数字、数组和对象等，由于 JSON 易读以及纯文本格式的特性，可以非常容易地与其他程序进行沟通与数据交换。

通常会与之进行比较的就是 XML 格式，XML（Extensible Markup Language）同样是用来存储数据的一种格式，其性质类似 HTML 语言，可以通过标签将文本数据进行结构化的分类。以一个如下成绩表的例子来示范，分别以 HTML 格式与 XML 格式描述表格内的内容。在 HTML 中使用<table>标签来建立表格内容，每笔数据代表什么是无法直接得知的，但在 XML 中可以用自定义标签标示每笔数据所代表的意义。

成绩表

姓名	英文	数学
小陈	75	80
小刘	88	91

```
<table>
  <tr>
    <td> 小陈 </td>
    <td> 75 </td>
    <td> 80 </td>
  </tr>
  <tr>
    <td> 小刘 </td>
    <td> 88 </td>
    <td> 91 </td>
  </tr>
</table>
```

```
<成绩表>
  <学生>
    <姓名> 小陈 <姓名>
    <英语> 75 <英语>
    <数学> 80 <数学>
  </学生>
  <学生>
    <姓名> 小刘 <姓名>
    <英语> 88 <英语>
    <数学> 91 <数学>
  </学生>
<成绩表>
```

然而，在 Web 应用中若想解析 XML 文件中的节点数据，必须通过一套独特的指令来完成，但有时候所要传输的数据结构没那么复杂，就可以通过 JSON 格式来处理。因为 JSON 的结构方式只需通过大括号、中括号、逗号和冒号就能完成，而且浏览器内已经内建了快速解析的函数可以调用，使得 JSON 更适用于网络数据传输领域。

❖　**认识 JSON 格式**

JSON 的数据结构通过大括号、中括号、逗号和冒号来组织数据,因此我们从这四种符号切入,带大家认识 JSON 格式。

- 冒号(键: 值)

冒号代表的是一个键值(key)对应一个值(value)的参数。以成绩表为例,有个学生的姓名叫小陈,英文成绩为 75 分,数学成绩为 80 分,就必须用"键: 值"来表达这些信息之间的关联,而字符串部分要用双引号来标示,例如:

```
姓名 ":" 小陈 "
英文 ": 75
数学 ": 80
```

- 大括号(对象)

大括号内代表的是"对象(object)",对象代表的是一系列"键∶值"的集合,同样使用成绩表做示范,我们将一个学生的完整数据当作一个对象,内容包括学生姓名、英语成绩、数学成绩,不同的信息间用逗号隔开,而这里要特别注意"键"一定要声明成字符串,也就是一定要加上"双引号"。

```
{" 姓名 ":" 小陈 "," 英文 ": 75," 数学 ": 80}
```

- 中括号(数组)

中括号内代表的是"数组(array)"。数组内可以存放数字、文字、布尔值、数组、对象等变量,无论是同时存放同一种性质的变量,或是混合使用都可以,同样以逗号隔开每个变量。因此可以用数组声明以下的数据结构:

```
[20, 30, 40]
[小陈, 75, 80]
[      {" 姓名 ":" 小陈 "," 英文 ": 75," 数学 ": 80},
       {" 姓名 ":" 小刘 "," 英文 ": 88," 数学 ": 91}      ]
```

然而与对象不同的地方,数组内以逗号隔开的部分无法放入"键∶值"的格式。也就是说我们不能用数组声明这样的字符串:

```
[" 姓名 ":" 小陈 "," 英文 ": 75," 数学 ": 80]
```

❖　**通过 JSON Editor 来学习**

对 JSON 格式还不太熟悉吗?没关系,网络上有热心的工程师开发了一个叫"JSONEditor"的网站(http://www.jsoneditoronline.org/),这个网站中提供了 JSON 格式与数据内容互相转换的服务，只要直接将 JSON 字符串输入到画面左边的字段，接着按下转换的按钮，画面右边的字段就会出现 JSON 字符串里所代表的内容。例如输入一个包含学生姓名、英文成绩、数学成绩的 JSON 字符串：

{" 姓名 ":" 小陈 "," 英文 ": 75," 数学 ": 80}

经过"JSON Editor"解析过的结果，此 JSON 语句内容正确，就可以得到三项传递的信息。如图 7-1 所示。

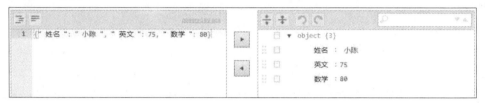

图 7-1　使用"JSON Editor"自动解析 JSON 格式的数据

若使用了不符合格式的 JSON 字符串，按下解析键则会出现错误提示，此时就要修正 JSON 字符串的内容，例如输入以下不符合格式的字符串：

[" 姓名 ":" 小陈 "," 英文 ": 75," 数学 ": 80]

由于不能在数组（array）中放入"键：值"这种类型的元素，所以会出现以下的错误提示窗口，并且无法完成数据格式的解析。如图 7-2 所示。

```
Error: Parse error on line 1:
[" 姓名 ":" 小陈 "," 英文 ": 75
---------^
Expecting 'EOF', '}', ',', ']', got ':'
```

图 7-2　放入错误的"键：值"自动解析时会出现错误提示窗口

了解 JSON 格式之后，再以如下成绩表范例来比较 XML 格式与 JSON 格式的差异。JSON 格式具备容易阅读且易于修改的优势，传送的数据量也比较轻巧，因此近年来 JSON 格式已经渐渐取代 XML 格式的地位了。

成绩表

姓名	英文	数学
小陈	75	80
小刘	88	91

```
<成绩表>
 <学生>
  <姓名> 小陈 <姓名>
  <英语> 75 <英语>
  <数学> 80 <数学>
 </学生>
 <学生>
  <姓名> 小刘 <姓名>
  <英语> 88 <英语>
  <数学> 91 <数学>
 </学生>
<成绩表>
```

```
{" 成绩表 ":[
  {
 " 姓名 ":" 小陈 "
 " 英语 ": 75,
 " 数学 ": 80,
  }
  {
 " 姓名 ":" 小刘 "
 " 英语 ": 88,
 " 数学 ": 91,
  }
]}
```

❖ **使用 JavaScript 处理 JSON 数据**

学会如何编辑 JSON 格式之后，接着就要使用 JavaScript 中的指令来声明 JSON 对象。

- **方法 JSON.stringify()**

即使在 JavaScript 中以 JSON 格式声明了一个包含信息的字符串，JavaScript 仍只会把该字符串认作是一般的文本数据，因此必须通过 JSON.stringify 的转换，将字符串声明成 JSON 对象。

建立 JSON 对象的做法很简单。首先声明一个普通字符串，字符串内容以 JSON 格式排列，如变量"info"。这里请特别注意，声明 JSON 格式的字符串时，每一行要用"单引号"括起来，代表是纯文本变量，并在每一行的最后一个位置使用"+"号串连每个被换行的字符串；接着再声明一个变量 json 使用 JSON.stringify 来转换变量 info，如此一来变量 json 就被声明成一个 JSON 格式的对象，可通过 AJAX 方法执行传送到服务器的操作。

```
var info = '{'      +
    '" 姓名 ":" 小陈 ",'    +
    '" 英文 ": 75,'    +
    '" 数学 ": 80'      +
'}';
var json = JSON.stringify(info);
```

- **方法 JSON.parse()**

反过来说，当程序从服务器端接收到 JSON 格式的对象，只要先通过 JSON.parse() 进行解析，就可以让 JavaScript 读懂 JSON 格式所保留下来的数据结构，之后就能像是读取 XML 标签一样，自由读取结构中任一数值。例如现在从服务器接收到一个 JSON 对象"json"，则直接通过 JSON.parse() 把该对象转成 JavaScript 的一般字符串，语句如下：

```
var json = '{'      +
    '" 姓名 ":" 小陈 ",'    +
    '" 英文 ": 75,'    +
    '" 数学 ": 80'      +
'}';
var info = JSON.parse(json);
```

经过 JSON.parse() 的解析，虽然变量 info 已经是 JavaScript 的一个字符串，但因为数据结构的特性已经被保留下来，所以我们可以通过以下的指令来读取结构中任一位置的数值。

```
info. 姓名 // 小陈
info. 英文 // 75
info. 数学 // 80
```

7.2　范例：Web 服务器实际演练

认识 AJAX 传输方式和 JSON 格式之后，接着就要来实际演练一下服务器与客户端传输数据的情形。因此首先需要在计算机环境中建立 web 服务器，才能正常地执行 AJAX 范例。

建立 Web 服务器

建立服务器环境的"懒人包"软件有很多种，例如 XAMPP、AppServ 等，都是只要通过一个安装文件，就可以轻松架设服务器中所需要的 phpMyadimn、数据库 SQL 等全部软件，可按自己的习惯选用。本书将以 AppServ 作为示范，请参考以下安装教学步骤。

步骤01　下载 Appserv

首先到官网(http://www.appservnetwork.com/)，下载 Appserv 架站软件。

在官网首页就有下载链接，目前最新的版本为 2.6.0，但因为在 WIN8 环境下使用 2.6.0 版无法正常运行，所以这里以 Appserv 2.5.10 作为示范。单击"Download"后开始下载安装程序，如图 7-3 所示，下载完成便开始进行安装。

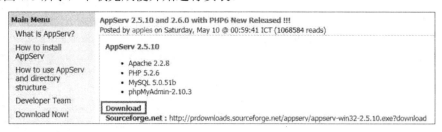

图 7-3　从官网下载 Appserv

步骤02　执行安装

单击安装文件之后，再单击"Next"进行下一步安装。接下来出现授权与使用协议同意书，单击"I Agree"进行下一步。如图 7-4 所示。

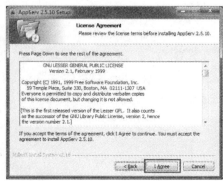

图 7-4　开始安装 Appserv

接着出现安装路径的选择，可以使用默认地址，直接单击"Next"进行下一步设置。对于 Appserv 安装过程中提供选择的安装项，建议全部选中进行安装。如图 7-5 所示。

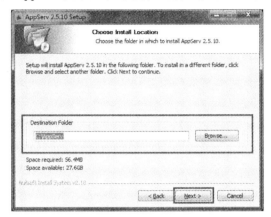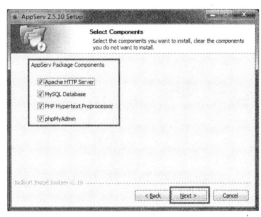

图 7-5　安装过程选择默认文件夹和所有安装项目

步骤 03　Apache 参数设置

接下来要设置 Apache 网站的三个参数：

- Server Name：直接输入 localhost，接下来会以本机的方式测试网页。
- E-Mail：直接输入您的 E-Mail 地址。
- HTTP Port：一般网页浏览使用端口 80，如图 7-6 所示。在 WIN8 的环境下 port 80 往往被占用，因此建议改成端口 8080。

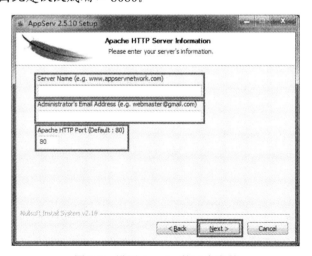

图 7-6　设置 Apache 的三个参数

步骤 04　MYSQL 参数设置

接下来的页面是设置 MYSQL 参数，主要是设置 root 密码，请输入密码之后谨记在心，否则到时无法登录 phpMyadmin。第二个下拉菜单中要设置 MYSQL 的字符集，在此选择通用的"UTF-8"字符集，如图 7-7 左图所示。最后单击"Install"进行安装。在安装过程中 Windows 会询问是否允许此安装程序的继续安装，请务必选择"允许"。安装完成后，确定红色框内的复选项目都选中了，如图 7-7 右图所示，最后单击"Finish"退出安装程序。

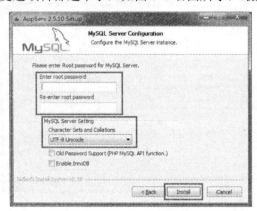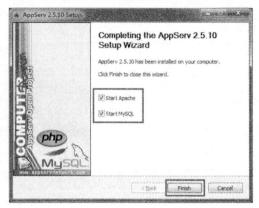

图 7-7　设置 MYSQL 的参数

步骤 05　进入管理界面

至此 Appserv 安装程序已经顺利执行完毕，请在浏览器网址栏中输入（http://localhost:8080），若能看到如图 7-8 所示的窗口，则代表已经安装成功。这里请特别注意，若在安装步骤中没有修改 port 为 8080，则直接输入网址（http://localhost）即可。

图 7-8　Appserv 安装成功

进入画面后单击 phpMyAdmin 就可以进入 MySQL 管理设置部分。单击后会出现登录账号和密码的窗口，账号请填入"root"；密码请填入刚刚设置的密码，输入完成后即可进入

MYSQL 的 phpMyAdmin 管理界面。

步骤 06　添加新用户

在管理界面中单击红框的"权限"链接，如图 7-9 的左图所示，因为 Appserv 安装后默认使用 root 进行登录，root 是最高权限管理者，不建议使用这个身份来处理数据库。所以单击"增加新用户"来建立一个新身份，如图 7-9 的右图所示。

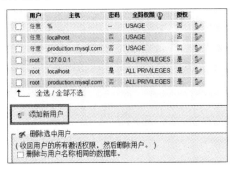

图 7-9　添加新用户

接下来要输入新添加用户的信息，请参考以下介绍：

- 用户名称：输入所要设置的用户名称。
- 主机：建议选择"本地"，后面不需变更。
- 密码：输入所要设置的密码。
- 确认密码：再次输入密码。

输入完用户信息后，将整体权限的部分都选择"全选"，也就是全部通通选中。设置完成后单击"执行"，如图 7-10 所示，之后就会出现"您已新增一个新用户"的通知。

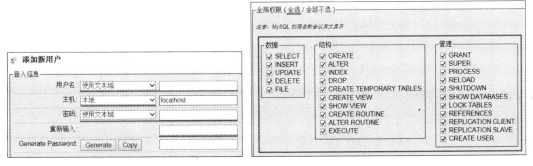

图 7-10　输入新添加用户的信息

步骤 07　重新登录

之后单击"服务器：localhost"（如图 7-11 所示）后会跳到主页，选择"登出"退出 phpMyAdmin，退出后可以试着使用刚刚设置的账号和密码重新进行登录。

图 7-11 单击"服务器：localhost"回到主页

步骤 08 放入测试网页

这一步相当重要，之后需要服务器执行的范例都要放到这个路径中。若在安装时使用默认的安装路径，请到文件夹（C:\AppServ\www）中，我们可以发现已存有默认的首页"index.php"，以及系统信息文件"phpinfo.php"，建议删除这两个文件。这时候可以将自己设计的网页放到这个文件夹，并取名为"index.htm"。之后重新在网址输入 http://localhost:8080，首页就已经成功变成自己设计的网页了。

AJAX 传输范例

完成服务器的建立后就可以顺利执行 AJAX 传输范例，请将本书下载文件中整个"\范例\ch07\7-1"文件都复制到路径（C:\AppServ\www）下，接着打开浏览器在网址栏输入范例网址（http://localhost:8080/7-1/test.html）。

首先可以看到画面中有一个"会员资料"的按钮，当按下按钮后会启动 AJAX 数据传输，将整个范例文件夹中的 XML 文件里所记载的会员信息传送到 HTML 网页中，并且无需刷新页面就可更换页面内容。如图 7-12 所示。

图 7-12 AJAX 数据传输范例

现在解释一下此范例的执行逻辑，它共可分成五大块，分别是：

（1）按下按钮触发事件
（2）取得 XMLHttpRequest 对象
（3）设置异步传输完成函数 ajax.onreadystatechange
（4）使用 open()函数进行初始设置
（5）使用 send()函数传输

❖ **按下按钮触发事件**

在 HTML 部分建立一个按钮标签，在按钮被按下（onclick）时调用 JavaScript 中的自定义函数 loadXMLDoc，并指定读取的 xml 文件名为"7-1.xml"。

```
<body>
<div id="txtMembersInfo">
    <button onclick="loadXMLDoc('7-1.xml');"> 会员资料 </button>
</div>
</body>
```

❖　**取得 XMLHttpRequest 对象**

在 JavaScript 语句中声明自定义函数 loadXMLDoc，函数一开始先声明四个变量。变量 xmlhttp 用来取得 XMLHttpRequest 对象；变量 text 用来存储 AJAX 要传输到 HTML 中的信息；变量 json_Members 用来存储从 xml 文件中提取出来的会员资料；变量 count 用来存储当前要提取第几笔会员信息。变量声明完成后，使用之前介绍过的方式来获取各种版本的浏览器都能正常运行的 XMLHttpRequest 对象。

```
var xmlhttp;
var text, json_Members, count;
// 支持 IE7+, Firefox, Chrome, Opera, Safari
if (window.XMLHttpRequest){
   xmlhttp=new    XMLHttpRequest();
}
// 支持 IE6, IE5
else{
    xmlhttp=new ActiveXObject("Microsoft.XMLHTTP");
}
```

❖　**设置异步传输完成函数 ajax.onreadystatechange**

在 XMLHttpRequest 对象中通过 onreadystatechange 来指定这个函数，当 XMLHttpRequest 对象收到响应时，会自动调用 onreadystatechange 所指定的函数去处理。所以接着设置"异步传输完成函数"的内容，此函数的作用是确认服务器准备就绪后要返回 HTML 网页的内容。服务器是否准备就绪是以 readyState 与 status 两个属性返回的值来进行判断的。

```
xmlhttp.onreadystatechange=function(){
    if (xmlhttp.readyState==4 && xmlhttp.status==200){
       // 读取 xml 文件

    }
}
```

当确认服务器准备就绪后，就要准备读取 xml 文件中的会员信息，并以 HTML 中的<table>标签建立会员资料的表格。因此在以下的程序中，变量 text 用来存储建立 HTML 表格所需的语句，而变量 json_Members 用于读取 XML 文件中各个节点的会员资料。

读取 XML 文件时会用到以下几项语句，如表 7-1 所示，在此先分别进行说明：

表 7-1　XML 语句

语句	说明
getElementsByTagName["MEMBERS"]	跳到名为 MEMBERS 的标签
json_Members.length	计算 MEMBERS 标签的数量
json_Members[count]	跳到第 count 个 MEMBERS 标签
firstChild.nodeValue	获取该标签中的值

在范例中使用 try…catch 来判断会员资料是否存在，在 try 中若该字段有数据，则用 firstChild.nodeValue 指令取出数值，若无数据的话，则执行例外处理 catch，直接用<td> </td> 设计空白表格，以免在读取不到 xml 文件时发生错误。

```
if (xmlhttp.readyState==4 && xmlhttp.status==200){
   text="<table border='1'><tr><th> 姓名 </th><th> 会员编号 </th>
                                  <th> 信箱 </th></tr>";
   // 跳到名为 MEMBERS 的标签
   json_Members=xmlhttp.responseXML.documentElement.
                          getElementsByTagName("MEMBERS");
   // 计算 MEMBERS 标签的数量，确认会员资料有几笔后执行循环
   for (count=0; count<json_Members.length; count++)
   {
      text=text + "<tr>";
      // 跳到第 count 个 MEMBERS 标签下的 NAME 标签
      var member_Name=json_Members[count].
                          getElementsByTagName("NAME");
      try{
           text=text + "<td>" + member_Name[0].
                                 firstChild.nodeValue + "</td>";
       }
      catch (er){
           text=text + "<td> </td>";
      }
      // 跳到第 count 个 MEMBERS 标签下的 IDNUMBER 标签
      var member_IDNumber=json_Members[count].
                          getElementsByTagName("IDNUMBER");
      try {
         text=text + "<td>" + member_IDNumber[0].
                                 firstChild.nodeValue + "</td>";
      }
      catch (er){
           text=text + "<td> </td>";
      }
```

```
// 跳到第 count 个 MEMBERS 标签下的 E-MAIL 标签
var member_Email=json_Members[count].
                    getElementsByTagName("E-MAIL");
try {
    text=text + "<td>" + member_Email[0].
                    firstChild.nodeValue + "</td>";
}
catch (er){
        text=text + "<td> </td>";
}
    text=text + "</tr>";
}
text=text + "</table>";
document.getElementById('txtMembersInfo').innerHTML=text;
}
```

❖　**使用 open()函数进行初始设置**

设置 open()函数，进行 AJAX 传输的初始设置。

```
xmlhttp.open("GET", url, true);
```

- method 参数：选择 GET 方法进行传输。
- URL 参数：指定所要存取文件的位置（7-1.xml）。
- asyncFlag 参数：采用异步传输（设置为 true）。

❖　**使用 send()函数传输**

XMLHttpRequest 的 open()函数只是用来进行初始化和设置参数的，真正的数据传递是由 send()负责。

```
xmlhttp.send();
```

JSON 实际演练

JSON 实际演练这个范例，主要是为了示范 JSON.parse 和 JSON.stringify 两个方法的应用，由于不需要通过服务器传输，所以可以直接执行范例程序，不需移到 Appserv 之下。

在这个范例中，首先声明一个字符串变量 text，里面存有以 JSON 格式排版的会员信息。

```
var text = '{"title":" 联络清单 ","members":[' +
        '{"Name":" 陈小珍 ","Mail":"Jennifer1596@yahoo.com.tw" },' +
        '{"Name":" 王小明 ","Mail":"wan7758@gmail.com" },' +
```

```
'{"Name":" 张小曼 ","Mail":"many89613@yahoo.com.tw" }]}';
```

声明两个变量。变量 obj 代表使用 JSON.parse 转换后的内容；strJson 代表使用 JSON.stringify 转换后的内容。

```
var obj = JSON.parse(text);
var strJson = JSON.stringify(obj);
```

使用 JSON.parse 转换后的内容，将字符串当作 JSON 格式解读，因此保留了可以判断 JSON 数据结构的能力，所以可以通过 obj.title、obj.members[0].Name、obj.members[0].Mail 等方法去探访每个数据节点中的数值。

使用 JSON.stringify 转换后的内容，可将字符串创建成 JSON 对象，以便于后续的传输操作。

```
document.getElementById("info").innerHTML =
    obj.title+"<br>"+
    obj.members[0].Name + " " + obj.members[0].Mail + "<br> "+
    obj.members[2].Name + " " + obj.members[2].Mail + "<br><br>"+
    "JSON 对象转 JSON 格式字符串 (JSON.stringify) : <br>"+strJson;
```

第 8 章
网页数据存储

在 HTTP 协议中，由于 client 端与 server 端间并没有互相保存数据的机制，因此需要暂时存储网页中的数据时，必须依靠 Cookie 和 Session 来完成。网页数据存储的机制就像是饮料店点餐，当结账买单后店家和顾客会持有一组号码，通过这组号码的链接就可以知道顾客所点的饮料，省去重复确认餐点的麻烦。

在 HTML5 中提供了新的存储机制 Web Storage，带来更大的存储空间、更少的带宽浪费。在这个章节中将会带各位厘清这些存储方式的差异。

在本章中将学到的重点内容包括：

- 认识 Cookie 运行的机制
- 认识 Session 运行的机制
- 认 HTML5 的 Web Storage 机制

8.1 Cookie 和 Session

Cookie 和 Session 是网页数据存储中所需使用的重要技术。由于 HTTP 协议中 stateless(无状态)的性质,也就是代表 Client 与 Server 两端不会记得先前的状态,因此为了能将稍候还需使用的"用户信息"暂时存储起来,就需要使用 Cookie 和 Session 两种方式来存取。

Stateless 和 Stateful

❖ **Stateless(无状态)**

在 HTTP 协议中,Client 与 Server 两端都是采用 stateless(无状态)的方式在运行,以一般的网页机制来说,客户端通过浏览器向服务器提出一个 URL 请求,然后由 Server 返回网页文件。

例如打开网址栏输入"新浪"的网址,送出阅读此网址内容的请求(request),而"新浪"服务器则会返回"首页"的文件内容供客户端的浏览器解析,之后方能显示出"新浪"首页的画面。

如果单击了"新浪"新闻的链接,则是向服务器提出阅读"新浪"新闻网址(http://news.sina.com.cn/)的请求,而"新浪"服务器则再次返回"新浪"新闻首页的内容供浏览器解析。如图 8-1 所示。

图 8-1 单击"新浪"新闻的链接,服务器返回"新浪"新闻首页的内容

❖ **Stateful(有状态)**

那么在什么情况下需要记录状态呢?大家最熟悉的可能就是在网上商城使用"购物车"买东西。以"京东"网上商城的购物车为例,系统会记录用户所选购的每样东西,接着经过结账流程,例如确认购买商品、填写购买信息、选择付款方式等,才能完成订单,如图 8-2 所示。在这个过程中客户可能会切换无数个网页,但输入的结账数据不会因为进入下一个网页而消失,这就需要通过 Cookie 或 Session 来实现。在接下来的单元中,会分别介绍 Cookie 或 Session 的差异。

图 8-2　网上购物流程

Cookies 简介

Cookies 的特点是将数据存储于 client 的浏览器中，因此当 cookie 没有经过加密时，在传输的过程中较容易被拦截，因此不建议用 cookie 存储一些私密性高的数据。

❖ Cookies 的运行

当 server 端想要存储用户的某些信息时，可以发送一个 cookie 给 client，这时便会通过 JavaScript 的语句将数据写入文件内，然后存储在用户的电脑里，当日后再次启动同一个网页时，就再度通过 JavaScript 读取 cookie 记录，便能得知这个用户上一次进入网页的时间与操作记录。以 Netscape 浏览器来说，所有记录的 cookies 会存在 cookies.txt 这个文件内；而 IE 浏览器会将每个 cookie 视为独立的文件，存放在 Temporary Internet Files 文件夹内。

❖ Cookies 的应用

Cookies 常见的用途是帮助用户存储已经输入过的一般信息，例如登录某些购物网站后，会输入姓名、E-Mail、住址和电话号码等信息，此时网站就可以要求将这些信息存入 Cookie 中，当下次再次登录时就会自动带出这些已经记录的个人信息，节省用户重复输入资料的时间。

然而，除了能够带给用户更佳的操作体验外，也可以用作商业用途，例如上次向网页浏览者显示了一段广告，便将浏览者已经看过此段广告的信息记录到 Cookie 中，当浏览者下次再进入网站时，即可选择播放用户尚未看过的其他广告。

❖ Cookies 的 JavaScript 语句

通过 JavaScript 的指令就可以设置、删除与阅读存储在 client 端的 cookie。
一般通过 JavaScript 设置 cookie 的语句如下：

```
document.cookie = " name=value;expires=expDate";
```

语句中的"name"代表 cookie 的名称，"value"代表所有存储的信息，"expires"用来指定这个 cookie 的到期日，当到了期限日时 cookie 就会失效。若没有设置 cookie 的到期日，关闭浏览器就会使 cookie 失去作用。

"expDate"代表 cookie 的到期时间,采用 GMT 格式(Wdy, DD-Mon-YY HH:MM:SS GMT)来表示。

接下来通过一个简单的例子来学习如何"设置"与"显示"cookie 的信息。由于 cookie

需通过服务器传送信息，因此请将范例程序所在的"\范例\ch08\8-1_cookie"文件夹内的文件移到（C:\AppServ\www）的路径下，并在浏览器输入网址（http://localhost:8080/8-1/test.html）来执行范例。

在这个范例中安排了两个按钮，按钮"Set Cookie"用来设置 cookie，触发 document.cookie；按钮"Show Cookie"用来显示当前浏览器存储的 cookie，显示 document.cookie 的内容。

在 JavaScript 部分直接声明一个名叫"myname"的 cookie，其内容为"Tom"，并使用提示窗口提示用户 cookie 已经完成设置。

\范例\ch08\8-1\test.html (JavaScript 部分)

```
function setck() {
    document.cookie = "myname=Tom" alert("Cookies set")
}
```

在 HTML 部分则设置两个按钮，当"Set Cookie"被按下时执行 setck()函数；当"Show cookie"被按下时则出现提示窗口显示当前存储的 cookie。

\范例\ch08\8-1\test.html (HTML 部分)

```
<body>
    <form>
    <input type=button value="Set Cookie" onclick="setck()">
    <input type=button value="Show cookie"
                        onclick="alert(document.cookie)">
    </form>
</body>
```

Session 简介

与 cookie 存放于 client 端相比，session 的运行属于将信息存放于 server 端的一种机制，server 会通过表格结构存储 session 要求保存的信息，该表格内容包括一组 id 以及对应的存储信息。当之后浏览器再度进入网页时，便会夹带一个 session id 发送给 server 端，server 端就按照这个 id 去检索过去所存储在 server 端的数据，如此一来就能够辨认每个用户所存储的状态。

- Session 的运行

由于 Session 是将信息存储在 server 端的一种方法，因此浏览器在造访网页时，server 端会替 client 端创建一个 session，若 client 端的请求里已经包含一个 session id，代表 server 端曾经为了这个用户创建过 session，此时 server 就按照 client 发出的 session id 检索存储在 server 端的数据。因此 session id 值是一个不会重复（唯一的，就像是用户的身份证号一样），且不容易被破解的字符串。

- Session 的语句

由于 Session 大都交由 PHP 语句来实现，JavaScript 并没有提供调用的方法，所以本书并不去探讨 Session 语句的内容。但在接下来的章节中会谈到 HTML5 所提供的"数据存储"功能，称为"Web Storage"，读者可以比较一下 Web Storage 和这里所认识的 Cookie 与 Session 的差别。

8.2　Web Storage

Web Storage 是 HTML5 所规划的本地数据存储功能，是一种可让网页将数据存储在本地端的技术，看起来虽然与 cookie 类似，但存储于 cookie 的数据可以通过浏览器所送出的 request 传送到 server 端，而 Web Storage 的数据却只能存储于本机，无法直接传送出去，因此 Web Storage 不会占用网络带宽。

Web Storage 的优势

HTML5 的 Web Storage 强调可以在 client 端暂存更多的信息，和之前介绍过的 Cookie 相比，Web Storage 具有以下两项优势：

- 节省传输带宽

无论是否会使用到 Cookie 中的信息，Cookie 都会随着 HTTP request 送到 server 端，造成不必要的传输资源浪费；Web Storage 的本地暂存特性则解决了这个问题。

- 更大的存储空间

Cookie 的存储容量上限为 4KB，无法存放太多数据；Web Storage 消除了此项限制，预设存储空间至少有 5MB。

Web Storage 的种类

HTML5 的 Web Storage 下有两种方法，分别是 localStorage 与 sessionStorage，这两者的差异主要表现在"生命周期"与"作用范围"上。

- 生命周期

LocalStorage 具有较长的生命周期，通常是要等到 Javascript 发出清除指令或是用户清空 Cache 时才会消失；sessionStorage 的生命周期较短，只要将浏览器或浏览器分页关闭时就会消失。

- 作用范围

LocalStorage 的数据可以跨浏览器分页(tab)而存在，因此其作用范围较为广泛；sessionStorage 只能存在于一个分页(tab)中，因此即使浏览器没有关闭，在同一个浏览器的新分页中也无法共享 sessionStorage 的数据。

❖ **LocalStorage**

LocalStorage 的特性与 Cookie 较为类似，通过 JavaScript 指令的控制，开发人员可以决定 LocalStorage 的存在时间，因此并不会随着浏览器的关闭而遗失 LocalStorage 中所存储的数据，适用于需要跨分页、跨窗口，甚至浏览器结束后仍要保存数据的场合。

- 设置 LocalStorage

设置 LocalStorage 的 JavaScript 语句有许多种形式，可以通过"setItem"方法，也可以直接指定某个标签 id 下所要存放的信息。以下示范的四种形式，都同样代表设置 LocalStorage 的方法，参数"MyKeyName"为数据的检索标签，参数"MyDataValue"可输入所要存储的数据。

```
window.localStorage.setItem("MyKeyName", "MyDataValue");
localStorage.setItem("MyKeyName", "MyDataValue");
localStorage["MyKeyName"] = " MyDataValue ";
localStorage.MyKeyName = " MyDataValue ";
```

- 读取 LocalStorage

读取 LocalStorage 的 JavaScript 语句与设置的方式对应，可以通过"getItem"或直接指定获取某个标签 id 下的信息。

```
var value1 = window.localStorage.getItem("MyKeyName");
var value1 = localStorage.getItem("MyKeyName");
var value1 = localStorage["MyKeyName"];
var value1 = localStorage.MyKeyName;
```

- 清除 LocalStorage

清除 LocalStorage 的 JavaScript 语句可通过"removeItem"来实现，使用"removeItem"可以指定想要删除的某个标签 id 下的信息，若要清除全部的 LocalStorage 则可以使用"clear()"方法。

```
// 清除 MyKeyName 此笔数据
localStorage.removeItem("MyKeyName");
```

```
// 清除所有 LocalStorage 数据
localStorage.clear();
```

- 范例：网页读取次数统计

接下来通过一个简单的范例来练习 LocalStorage 的设置与读取，这个范例也示范出 LocalStorage 的一种应用，可以记录用户访问此网页的次数，结合其他商业应用（例如广告播放），就可以带给用户每次进入都可以看到不同内容的独特感受。

由于 Storage 属于本地信息存储，所以不需使用到服务器，可以直接启动"\范例\ch08\8-2_localstorage.html"来执行此范例程序。启动网页后在画面中会显示出当前已访问过网页 1 次，通过不断地刷新网页(F5)会发现访问次数会不断地加 1。此时若将网页关掉再重新执行一次，LocalStorage 所存储的数据仍然保留，并不会因此而归零重新计算，这就验证了 LocalStorage 不会随浏览器结束而消失的特性。

接着来看看程序代码的内容。在程序的开始，首先用判断语句来判断是否为第一次登录网页，因此检测 localStorage.count 的内容若为 0，则代表是第一次登录，便将 count 值设为 1；若并非是第一次登录，则将 count 的值加 1；最后使用 write()将记录的信息（进入的次数）显示在画面中。

\范例\ch08\8-2_localstorage.html

```
<script type="text/javascript">
   if(localStorage.count){
      localStorage.count=Number(localStorage.pagecount) +1;
   }
   else{
        localStorage.pagecount=1;
   }
   document.write("Visits "+ localStorage.count + " time(s).");
</script>
```

❖ SessionStorage

SessionStorage 仅能存在于一个浏览器分页（tab）中，这代表每个窗口都会有自己的 SessionStorage 空间，即使在同一个浏览器下，不同分页就存储有不同的 sessionStorage 内容。因此当浏览器分页关闭时，此窗口的 sessionStorage 也会跟着被清除，按照此特性来看，SessionStorage 仅适合用于存储暂时性的数据。

- SessionStorage 语句

SessionStorage 的语句与 LocalStorage 完全相同，只要将 LocalStorage 替换成 SessionStorage 即可。设置、读取 SessionStorage 的语句如下：

```
// 设置
```

```
window. SessionStorage.setItem("MyKeyName", "MyDataValue");
SessionStorage.setItem("MyKeyName", "MyDataValue");
SessionStorage ["MyKeyName"] = " MyDataValue ";
SessionStorage.MyKeyName = " MyDataValue ";
// 读取
var value1 = window. SessionStorage.getItem("MyKeyName");
var value1 = SessionStorage.getItem("MyKeyName");
var value1 = SessionStorage ["MyKeyName"];
var value1 = SessionStorage.MyKeyName;
```

● 范例：网页读取次数统计

同样，再以网页读取次数统计这个程序作为范例，只是在这里全部改用 sessionStorage 存储数据，从操作中可以帮助大家更加了解 localStorage 和 sessionStorage 之间的差异。

执行"\范例\ch08\8-3_sessionstorage"后，同样会显示访问网页的次数为 1，使用 F5 重新刷新网页，访问网页的次数同样会自动加 1。此时若将范例的浏览器分页关闭再重新启动，会发现访问网页的次数从 1 开始重新计算，这就验证了浏览器关闭后 sessionStorage 中的数据就会自动清除的特性。

接下来通过另一种操作方式来看看 sessionStorage 的另一种特性，当本范例还处于执行的状态时，我们在同一个浏览器下再打开一个新分页，并在新分页中再次执行本范例。此时可发现两个分页虽然执行一模一样的程序内容，具有一样名字的 sessionStorage ID，可是却记录着不同的访问次数，因此就验证了不同窗口会各自处理自己的 sessionStorage。

\范例\ch08\8-3_sessionstorage.html

```
<script type="text/javascript">
    if(sessionStorage.count){
        sessionStorage.count=Number(sessionStorage.count) +1;
    }
    else{
        sessionStorage.count=1;
    }
    document.write("Visits "+ sessionStorage.count + " time(s).");
</script>
```

● 范例：按钮单击次数统计

既然 sessionStorage 只能在一个窗口中作用，那么该如何应用这种存储方式呢？这里提供一种应用可以与 HTML 游戏开发相结合，也就是通过 sessionStorage 记录某个按钮的单击次数。

启动"\范例\ch08\8-4_sessionButton"，通过单击画面中的按钮，将会触发名为 clickcount 的变量不断地加 1，当玩家关闭游戏（也就是关闭网页）时，sessionStorage 就会被清空，这样一来 clickcount 就会被重置，不会影响到下一次游戏的进行。

\范 例\ch08\8-4_sessionButton.html

```
<html>
<head>
<script>
function clickCounter() {
    if (sessionStorage.clickcount) {
        sessionStorage.clickcount = Number(sessionStorage.clickcount)+1;
    } else {
        sessionStorage.clickcount = 1;
    }
    document.getElementById("result").innerHTML =
"button click " + sessionStorage.clickcount + " time(s).";
}
</script>
</head>
<body>
<p><button onclick="clickCounter()" type="button">Click</button></p>
<div id="result"></div>
</body>
</html>
```

8.3　范例：窗体切换

介绍完 localStorage 和 sessionStorage 后，基本上已经掌握了两者使用的精髓，如果还是不够清楚的话也没关系，在这个章节的范例中，将会直接把两种存储方式设计在同一个程序中，我们就逐一地来比较在各个状态下的数据保留情形。

首先在画面里设计两个字段，一个字段的数据会以"localStorag"方式存储，一个字段会以"sessionStorage"方式存储。在两个字段中分别键入数据后，按下"save"按钮，将数据分别存入两种 Storage 中。此时按下 F5 重新刷新网页，发现两个字段中的数据不会消失，代表已经被存储。如图 8-3 所示。

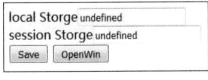

第一次加载　　　　　　　　　　　键入数据后存储

图 8-3

165

再来单击"OpenWin"按钮，通过 windows.open(url)指令启动窗口，或是开一个新分页直接将网址复制过去，我们会发现两个字段中的数据仍然保留着。但如果在新分页中重新执行范例，sessionStorage 的数据就被清除了，这就证明了两者生命周期的差异。如图 8-4 所示。

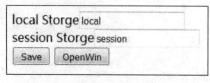
windows.open 开新窗口

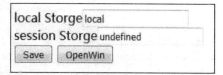
重新执行范例

图 8-4

程序代码的实现方式可分为 HTML 与 JavaScript 两部分。

在 HTML 部分先设计一个加载页面即触发的函数 loadStorage()，用来读取 Storage 内的数据；接着设计按钮"Save"触发的函数 saveToStorage()，用来设置 Storage 的数值；最后设计按钮"OpenWin"触发的函数 openWindow()，用来启动一个新页面。

\范 例\ch08\8-5.html (HTML 部分)

```
<body onload="loadStorage()">
    local Storge<input type="text" id="local"></input><br/>
    session Storge<input type="text" id="session"></input><br/>
<input type="button" value="Save" onclick="saveToStorage()">
<input type="button" value="OpenWin" onclick="openWindow('8-5.html')">
</body>
```

在 JavaScript 部分则设计了对应 html 部分的三个函数。

\范 例\ch08\8-5.html (JavaScript 部分)

```
<script type="text/javascript">
function loadStorage(){
    document.getElementById("local").value =
        window.localStorage["local"];
    document.getElementById("session").value =
        window.sessionStorage["session"];
}
function saveToStorage(){
    window.localStorage["local"] =
        document.getElementById("local").value;
    window.sessionStorage["session"] =
        document.getElementById("session").value;
}
function openWindow(url){
```

```
        window.open(url);
    }
</script>
```

第 9 章
学习使用 jQuery

jQuery 是基于 JavaScript 语言所开发的轻量级面向对象的函数库。jQuery 可以运行于 HTML 与 CSS 之上，以批处理方式直接控制 HTML、CSS 与 JavaScript，能有效精简程序代码的复杂度，并能跨浏览器进行 DOM 操作、事件处理、设计页面元素动态效果、AJAX 互动等。

在本章中将学到的重点内容包括：

- jQuery 基础语句
- jQuery 控制 HTML 与 CSS
- jQuery Plugin 在线资源共享
- jQuery Plugin 引用实战

9.1　jQuery 事件与函数

既然已经会了 JavaScript，为什么还需要学习 jQuery 呢？这里有两大需要应用 jQuery 开发游戏的理由。首先，jQuery 具备批处理的功能，可以一次选取大量的 HTML、CSS 标签进行控制，让操作变得更简单；第二，jQuery 的论坛讨论非常活跃，只要上网就可以找到许多别人写好的免费 plugin 使用，这样可以快速建立功能强大的动态网页与应用程序，省去了不少开发的时间。

开始使用 jQuery

由于 jQuery 是一套 JavaScript Library，因此必须先获取 jQuery 库的程序之后，再从外部引用至 HTML 文件中。jQuery 目前的引用方式有两种，一种是先从官方网站下载 jQuery 文件，另一种则是直接链接 Google 的在线资源加载。

❖　下载 jQuery

先链接到 jQuery 的官方网站（jQuery.com），如图 9-1 所示，里面提供了两种版本的 jQuery 库可以下载。Production 版本用于实际网站中，已经经过精简和压缩；Development 版本用于测试与开发，可直接检索程序内容。下载下来的 jQuery 库需放在与 html 文件同一个文件夹下。

图 9-1　jQuery 的官网

❖　Google 在线资源

为了精简 jQuery 库所占据的存储空间，也可以从 Google 所提供的在线资源引用 jQuery 库，不需要下载就可以调用 jQuery 库的资源。引用的方式是在<script>标签内加上路径"src"，指定为 Google 提供的网址，其语句如下：

```
<script src=" http://ajax.googleapis.com/ajax/libs/jquery/1.8.0/
jquery.min.js">
</script>
```

或是使用另一种声明方式：

```
<script src=" https://www.google.com/jsapi "></script>
<script>
    google.load("jquery", "1.10.2");
</script>
```

认识 jQuery 语句

先前提到 jQuery 可以批次地选取标签，并对这些标签执行某些控制，在 jQuery 的语句中，将由"选取"和"控制"两个部分所组成。先来看一段标准 jQuery 语句：

```
$("div").addClass("special");
```

这段语句所代表的含义是"选取所有<div>标签，并替这些标签加入"special"这个 class 属性。我们将这段语句分解成以下几个部分进行说明，如表 9-1 所示。

表 9-1　jQuery 语句说明

jQuery 语句	说明
$	以$符号做开头代表声明为 jQuery 对象
div	选取的标签名称
addClass	jQuery 内建的控制指令，可替标签加入 class 属性
special	控制操作所需要的参数

从这段语句已经可以看出 jQuery 的几项特色。首先是以$符号作为声明 jQuery 的识别语句；其次是批次操作，通过选取指令可以一次性地选择 HTML 文件中的某个标签名称，接下来则可以直接运用 jQuery 库提供的控制指令，这里直接使用"addClass"函数便能做到为所有的标签加上 class 参数，不需要再自己设计循环来加入，省去了许多麻烦。下面将对这三项特色分别进行介绍。

jQuery 声明

在语句的前面加上$符号即代表声明 jQuery 对象，但其实$符号是 jQuery 的缩写，因此所有带$符号的地方也可以用"jQuery"字符串取代，例如以下两句语句代表的是相同的意思：

```
$("div").addClass("special");
jQuery ("div").addClass("special");
```

但既然能够使用$符号简写，又何必输入一长串的英文呢？其实有时候在某些情况下，可能$符号已经被其他 JavaScript Library 所使用，例如一套知名的 prototype 也有以$符号开头的函数名称。在这样的情况下程序就会造成混淆，但是如果你还是不想输入一长串英文，jQuery 还提供了自定义声明符号的语句，例如想使用$jq 做为新的 jQuery 声明简写，即声明一个变量$jq 来接收 jQuery 的返回值，就可以设置新的声明符号，避免与其他$符号开头的函数相冲突。

```
var $jq = jQuery.noConflict();
$jq("div").addClass("special");
```

jQuery 选取指令

　　jQuery 选取元素的指令与 CSS 选择器语句一样，其概念也是可以一次选取文件中同名的标签进行控制，这是因为 jQuery 引入了 CSS 选择器引擎，而且已经支持到 CSS3 版本了，因此在运用 jQuery 的选取指令时很容易就能融会贯通。

　　以下先准备一段基本的 HTML 格式，接下来会列举各种选取指令，并以粗体在 HTML 中标示出会被 jQuery 选取到的部分，帮助大家更好地了解选取指令的应用方式。

```
<div id="body">
    <h1> Header</h1>
    <div class="example">
        <p>...</p>
    </div>
</div>
```

❖　Tag 选取

　　Tag 选取是最基本的选取方式，直接在 jQuery 的语句中加入标签名称。例如前面所示的 <div> 标签的选取，使用的指令为 $("div")，控制范围请参考下面的粗体部分。

```
$("div")
<div id="body">
    <h1> Header</h1>
    <div class="example">
        <p>...</p>
    </div>
</div>
```

❖　id 选取

　　与 CSS 一样，只要加入 # 符号就代表选取 id 为某个名称的元素，例如选取指令为 $("#body")，可选取 id 为 body 的所有标签。

```
$("#body")

<div id="body">
  <h1> Header</h1>

<div class="example"> <p>...</p>
```

```
    </div>

    </div>
```

❖ **class 选取**

在开头加入一个小点代表选取 class 为某个名称的元素，例如选取指令为$(".example")，可选取 class 为 example 的所有标签。

```
$(".example")
<div id="body">
    <h1> Header</h1>
    <div class="example">
        <p>...</p>
    </div>
</div>
```

❖ **Tag 结合 id 选取**

基本的 tag、id 和 class 也可以组合使用，像 Tag 结合 id 选取的方式。例如选取指令为$("div#body")，可选取 id 为 body 的<div>标签。

```
$("div#body")
<div id="body">
    <h1> Header</h1>
    <div class="example">
        <p>...</p>
    </div>
</div>
```

❖ **Tag 结合 class 选取**

通过 tag 和 class 的组合也可以搭配出新的选取方式。例如选取指令为$("div.example p")，可选取 class 名为 example 的<div>标签所括起来的<p>标签。

```
$("div.example p")
<div id="body">
    <h1> Header</h1>
    <div class="example">
        <p>...</p>
    </div>
</div>
```

❖　**属性选择器[]**

通过中括号[]针对某个属性进行选取。例如选取指令为$("input [name]")，可选取包含有
name 属性的<input>标签。

```
$("input [name]")
<div id="body">
    <h1> Header</h1>
    <div class="example">
        <input>
        <input name="box">
    </div>
</div>
```

❖　**下层选取(>)**

使用大于符号(>)，可进行标签的下层选取。例如选取指令为$("div > div")，可选取<div>
标签下的<div>标签。

```
$("div > div")
<div id="body">
    <h1> Header</h1>
    <div class="example">
        <p>...</p>
    </div>
</div>
```

❖　**上层选取(has)**

使用 has()指令则与下层选取恰好相反，可进行标签的上层选取。例如选取指令为
$("div:has(div)")，可选取含有<div>标签的上层<div>标签。

```
$("div:has(div)")
<div id="body">
    <h1> Header</h1>
    <div class="example">
        <p>...</p>
    </div>
</div>
```

❖　**选取第一个搜索到的元素**

可以通过"first"指令选取第一个找到的标签元素。例如选取指令为$("div:first")，可选

取第一个搜索到的<div>标签。

```
$("div:first")
<div id="body">
    <h1> Header</h1>
    <div class="example">
        <p>...</p>
    </div>
</div>
```

jQuery 函数

通过 jQuery 批次选取标签元素后，接下来就可以应用 jQuery 所提供的函数进行更进一步的操作，加入 jQuery 函数的方法，是在选取指令后面接上一个小点，再直接键入所要调用的函数名称，部分函数名称需要额外的输入参数。以下将介绍通过 jQuery 函数所能达到的高级选取功能。

❖ **统计选取元素的总数**

通过 jQuery 批次选取可以一次选到多个元素，这些元素会以数组的类型存储，因此我们可以通过以下指令来统计选取到的元素总数是多少。

```
$('div').length; $('div').size();
```

❖ **找出符合条件的元素(filter)**

通过 filter 函数可以设置元素的筛选条件，只挑出符合条件的元素。例如要挑出 class 为 "test" 的所有<div>标签，可以使用以下指令：

```
$("div").filter(".test");
```

❖ **删除所有符合条件的元素(not)**

与 filter 函数相反的 not 函数，可以排除符合筛选条件的元素。例如要选取所有<div>标签，但 class 为 "test" 的都不要选取，可以使用以下指令：

```
$("div").not(".test");
```

jQuery 事件处理

jQuery 提供的函数中，也有包括对于某些网页中会发生的触发事件进行处理，例如鼠标单击、网页加载、鼠标连续单击等。

❖　网页载入（ready）

当使用 jQuery 操作 HTML 中的标签时，必须确定页面元素已经完全加载，jQuery 才能正常运行，因此需要先通过"网页加载"指令来进行判断，共有以下两种写法：

```
// 方法 1
$(document).ready(function() {
    //jQuery 指令
});

// 方法 2
$(function() {
  //jQuery 指令
});
```

接下来以"\范例\ch09\9-1.html"示范一个标准 jQuery 文件所需具备的格式。首先必须先导入 jQuery 库，本范例采用从 Google 在线导入的方式；接着 jQuery 语句必须比照 JavaScript 的方式处理，将 jQuery 语句写在<script></script>标签中；这个范例要将所有<p>标签通过 CSS 语句改变其背景颜色为蓝色，因此采用 css 函数进行设置（css 函数的细节会在后面介绍）。

\范例\ch09\9-1.html

```
<html>
<head>
<script src=" http://ajax.googleapis.com/ajax/libs/jquery/1.8.0/jquery. min.js ">
</script>
<script>
$(document).ready(function(){
    $("p").css("background-color","blue");
});
</script>
</head>
<body>
    <p>text1</p>
    <p>test2</p>
    <p>test3</p>
</body>
</html>
```

❖　鼠标单击(click)

通过 jQuery 库中的 click 函数可以处理鼠标监听事件。使用与"\范例\ch09\9-1.html"相同的程序，只是多加入了 click 函数来处理在鼠标单击<p>标签的内容后使用 css 函数改变<p>

标签的背景颜色。这里需特别注意使用了 "this" 这个选择器，由于此范例中共有 3 个<p>标签，当使用 "this" 选择器时，可以针对鼠标所选到的<p>标签进行 css 设置。这个范例展示出了 jQuery 制作网页互动效果的妙用。

\范例\ch09\9-2.html (JavaScript 部分)

```
<script>
    $(document).ready(function(){
        $("p").click(function() {
            $(this).css("background-color","blue");
        });
    });
</script>
```

❖ **鼠标移入移出(hover)**

鼠标移入移出事件，可判断鼠标 "在对象上" 与 "不在对象上" 时分别要执行的操作，可通过 hover 事件实现。此事件包含两个参数，fn1 代表鼠标移入所触发的事件，fn2 代表鼠标移出所触发的事件。

```
hover(fn1, fn2);
```

"\范例\ch09\9-3.html" 示范当鼠标移入<p>标签时将背景设为蓝色，鼠标移出时背景设为白色。

\范例\ch09\9-3.html (JavaScript 部分)

```
<script>
    $(document).ready(function(){
        $("p").hover(
            function() {
                $(this).css("background-color","blue");
            },
            function() {
                $(this).css("background-color","white");
            }
        );
    });
</script>
```

❖ **鼠标连续单击(toggle)**

当一个对象被鼠标单击多次时每次需要呈现不同的样式，可以通过 toggle 函数来实现。此事件可输入多个参数，每个参数依次代表对象被鼠标单击第 n 次时所要执行的操作，语句如下：

```
toggle(fn1, fn2, [fn3,fn4,...])
```

"\范例\ch09\9-4.html"示范当鼠标单击<p>标签第一次时，将背景设为蓝色；单击第二次设为绿色；单击第三次设为白色。

\范例\ch09\9-4.html (JavaScript 部分)

```
<script>
  $(document).ready(function(){
    $("p").toggle(
      function() {
          $(this).css("background-color","blue");
      },
      function() {
          $(this).css("background-color","green");
      },
      function() {
          $(this).css("background-color","white");
      }
    );
  });
</script>
```

9.2　标签控制

jQuery 内建的函数除了可以达到网页事件监听之外，还可以直接修改网页的属性（Attributes）和样式（CSS），以及对 DOM 直接进行操作，更神奇的还在后头，jQuery 函数还包括了一些视觉动画的处理，例如隐藏、显示、下拉显示、淡入淡出等，对于设计网页互动有非常大的帮助。

属性(Attributes)和样式(CSS)控制

jQuery 对属性和样式的控制，可以通过 JavaScript 直接修改 HTML 与 CSS 语句，不必再分别到 HTML 文件与 CSS 文件中逐一调整，这就证明了 jQuery 有非常高的"统御"能力。

❖ 属性（Attributes）

jQuery 提供了 attr、class、value 等函数可以直接设置、删除或获取 HTML 标签内的属性。

- attr 函数

jQuery 内建的"attr"函数可以对标签中的"name"这类属性进行内容值的设置。例如加入以下 jQuery 语句,便可将"name"属性的内容从"hello"设置成"hi"。

```
$("div").attr("name", "hi")
```

设置属性的 attr 函数也可以通过"key:value"的方式一次设置标签中多个属性的值。例如使用以下 jQuery 语句一次设置<img>标签的 src、title 和 alt 属性。

```
$("img").attr({
    src: "move.png",
    title: "pic",
    alt: "test"
});
```

使用 removeAttr 函数则可以删除标签中的某个属性,例如使用以下 jQuery 语句删除<div>标签中的 name 属性。

```
$("div").removeAttr("name");
```

- class 函数

至于标签中的 class 属性,则有专用的设置与删除函数可供使用,请参考以下 jQuery 语句对 class 属性进行调整。

```
//替 div 标签设置 class 属性为 test
$("div").addClass("test");

//替 div 标签删除值为 test 的 class 属性
$("div").removeClass("test");
```

- val 函数

对于标签中的 value 属性,可通过 val 函数进行取值与设置,例如在 HTML 的<input>标签中就常常会使用到 value 这个属性。请参考以下 jQuery 语句:

```
// 获取 input 的 Value 值
$("input").val();

// 设置 input 的 Value 值
$("input").val("hello");
```

❖ 样式(CSS)

在之前的范例中,我们就是通过 jQuery 的 css 函数来直接改变标签的显示外观,还配合了触发事件的检测来实现网页互动的神奇效果。本来直接使用 JavaScipt 控制 CSS 是非常麻烦的事情，因为在不同浏览器版本下常常需要使用不同的 JavaScipt 语句才能对同一件事情的控制，但是通过 jQuery 的 css 函数就可以达到跨浏览器、统一指令的 CSS 控制效果，省去了开发中的不少麻烦。

- 外观属性设置（css）

jQuery 的 css 函数可以做到外观属性的设置，例如对文字颜色、背景颜色、透明度等直接进行设置，有以下两种方式：

```
// 单一属性设置
$("p").css("color","red");

// 多属性设置
$("p").css({"color":"red","background-color":"blue"});
```

- 宽高设置（height/width）

jQuery 将元素的宽（width）、高（height）属性设置为独立的函数，在游戏中常常需要使用它们，这样可以帮助开发人员获取或设置元素的宽和高之值。指令如下：

```
// 取得画布的高度
$("canvas").height();
// 设置画布的高度
$("canvas").height(400);
```

DOM 操作

所谓的 DOM 操作是指对标签的内容进行添加、修改或删除等操作。例如有个 HTML 标签如下，则"你好"就是\<div\>标签的内容部分。

```
<div> 你好 </div>
```

了解 DOM 操作的控制对象后，接着就来看看 jQuery 中有哪些函数可以帮助开发人员控制这个区块。

❖ 函数 html

此函数类似 JavaScript 中的 innerHTML 功能，可以直接获取或设置标签的内容，请参考以下语句：

```
// 获取<div>标签的 HTML 内容
$(div).html();
// 设置<div>标签的 HTML 内容
```

```
$(div).html("hello");
// 得到的结果是
<div>hello</div>
```

❖ **函数 append、prepend**

这两种函数具备插入的功能，可以在保留原有标签内容的情况下，在原内容的后面（append）或前面（prepend）插入新内容。请参考以下语句，示范如何使用 append 函数插入新的标签内容：

```
// 原始 <p> 标签内容
<p>hello</p>
加入函数 append
$("p").append("<b>I am Tom</b>");
// 得到的结果是
<p>hello<b>I am Tom</b></p>
```

接着再示范使用 prepend 函数插入新的标签内容的做法，请比较加亮的部分来观察与 append 函数的差异。

```
//原始 <p> 标签内容
<p>hello</p>
//加入函数 preppend
$("p").prepend("<b>I am Tom</b>");
// 得到的结果是
<p><b>I am Tom</b>hello</p>
```

❖ **函数 before、after**

此组函数同样也是插入的功能，但是其插入的位置是在所选标签的"外面"，因此可称为"外部插入"。先来看看函数 before 的效果：

```
//原始 <p> 标签内容
<p>hello</p>
//加入函数 before
$("p").before("<b>I am Tom</b>");
// 得到的结果是
<b>I am Tom</b><p>hello</p>
```

从函数 before 的效果便可看出"外部插入"的意义，我们所添加的内容出现在<p>标签的外面。再来看看函数 after 的效果：

```
//原始 <p> 标签内容
<p>hello</p>
```

```
// 加入函数 after
$("p").after("<b>I am Tom</b>");
// 得到的结果是
<p>hello</p><b>I am Tom</b>
```

❖ **函数 wrap**

此函数可声明一个新标签，并将原有标签内容包括在新标签里面。请参考指令如下：

```
//原始 <p> 标签内容
<p>hello</p>
//加入函数 wrap
$("p").wrap("<div> </div>");
// 得到的结果是
<div><p>hello</p></div>
```

❖ **函数 empty、remove**

此组函数可以删除标签的内容，但是删除的方式稍有些差异，函数 empty 可删除指定标签内的内容；函数 remove 则是将整个标签删除。请先参考函数 empty 所达到的效果：

```
// 原始标签内容
<p>hello</p><b>I am Tom</b>
// 加入函数 empty
$("p").empty();
// 得到的结果
<p></p><b>I am Tom</b>
```

函数 empty 把<p>标签的内容"hello"删除了，再来参考函数 remove 的效果，将会发现整个<p>标签都不见了。

```
// 原始标签内容
<p>hello</p><b>I am Tom</b>
// 加入函数 remove
$("p").remove();
// 得到的结果
<b>I am Tom</b>
```

动画效果

通过 jQuery 控制 HTML、CSS 与 DOM 只是牛刀小试而已，jQuery 真正强大且酷炫的地方，是可以进行动画效果的设计，例如基本的显示（show）、隐藏（hide），或是加入速度控制的渐进式变化、淡入淡出（fading），最后还有自由度最高的自定义动画（animate），让开发人员可以在游戏动画上操纵自如。

❖ 显示（show）与隐藏（hide）

显示与隐藏指令可以使用两种类型，一种是直接显示和关闭文字的基本操作；另一种是加入时间参数，以渐进式变化达到动画的效果。

- 基本操作

jQuery 函数中的 show 与 hide 可以直接指定某个标签的显示与隐藏。请参考"\范例\ch09\9-5.html"，在此范例中设计了两个按钮，一个按钮用来触发 show()，另一个则用来触发 hide()，使用选择器选择<p>标签进行控制。

\范例\ch09\9-5.html

```html
<html>
<head>
<script src="http://ajax.googleapis.com/ajax/libs/jquery/1.8.0/jquery. min.js">
</script>
<script type="text/javascript"> $(document).ready(function(){
    $(".btn1").click(function(){
        $("p").hide();
    });
    $(".btn2").click(function(){
        $("p").show();
    });
});
</script>
</head>
<body>
    <button class="btn1">Hide</button>
    <button class="btn2">Show</button>
    <p>text1</p>
    <p>text2</p>
    <p>text3</p>
</body>
</html>
```

- 加入时间参数

函数 show 和 hide 可以另外加入时间参数，此参数是非必要的属性，若没有输入的话，呈现的效果就会像上一个范例一样，只简单地出现和隐藏文字。

加入时间参数的显示和隐藏语句如下。参数 speed 可输入"slow"、"normal"和"fast"
三种代表速度的字符串，也可以输入秒数（毫秒）来指定渐变速度；参数 callback 可输入此
操作执行完后要接着执行的函数，此参数必须在 speed 存在的前提下才能进行设置。

```
$(selector).show(speed,callback); $(selector).hide(speed,callback);
```

以"\范例\ch09\9-5.html"的内容进行修改，仅在 JavaScript 语句部分将显示和隐藏的语
句加入参数 speed，请打开"\范例\ch09\9-6.html"看看渐变的效果。

\范例\ch09\9-6.html (JavaScript 部分)

```
<script type="text/javascript">
    $(document).ready(function(){
        $(".btn1").click(function(){
            $("p").hide(1000);
        });
        $(".btn2").click(function(){
            $("p").show(1000);
        });
    });
</script>
```

❖　淡入（fadeIn）与淡出（fadeOut）

淡入淡出效果与显示和隐藏的渐变有些不同，显示和隐藏的渐变呈现方式类似于下拉式
选单滑出的效果，而淡入淡出则是通过调整透明度属性而实现内容变化的效果。淡入（fadeIn）
与淡出（fadeOut）的语句与参数与 show 相同，同样可输入变化速度（speed）和执行函数
（callback）。

```
$(selector). fadeIn (speed,callback); $(selector). fadeOut (speed,callback);
```

请打开"\范例\ch09\9-7.html"，观察动画指令置换成淡入（fadeIn）与淡出（fadeOut）语
句后呈现的效果。

\范例\ch09\9-7.html (JavaScript 部分)

```
<script type="text/javascript">
    $(document).ready(function(){
        $(".btn1").click(function(){
            $("p").fadeOut(1000);
        });
        $(".btn2").click(function(){
            $("p").fadeIn(1000);
        });
```

```
  });
</script>
```

❖ **透明度渐变（fadeTo）**

通过 fadeTo 函数可以设置在一定时间内将透明度调整某个指定的值，不像淡入（fadeIn）与淡出（fadeOut）是直接指定透明度从 0~1 进行变化。函数 fadeTo 的基础语句如下：

```
$(selector). fadeTo (speed, opacity,callback);
```

请启动"\范例\ch09\9-8.html"网页程序，观察将透明度指定为 0.33 与 1 之间的变化。

\范例\ch09\9-8.html (JavaScript 部分)

```
<script type="text/javascript">
    $(document).ready(function(){
        $(".btn1").click(function(){
        $("p").fadeTo(1000, 0.33);
    });
        $(".btn2").click(function(){
        $("p").fadeTo(1000, 1);
    });
    });
</script>
```

❖ **滑下（slideDown）与滑上（slideUp）**

滑下与滑上效果同样是显示与隐藏的一种变形，是以"滑动"的展开方式显示/隐藏所作用的元素。其基础语句如下：

```
$(selector).slideDown (speed, callback);
$(selector). slideUp(speed, callback);
```

请启动"\范例\ch09\9-9.html"网页程序，观察以滑动方式显示与隐藏文字的特效。

\范例\ch09\9-9.html (JavaScript 部分)

```
<script type="text/javascript">
    $(document).ready(function(){
        $(".btn1").click(function(){
            $("p").slideUp(1000);
        });
        $(".btn2").click(function(){
            $("p").slideDown(1000);
        });
```

```
    });
</script>
```

❖　连续动画的应用

在上述这些效果的基础语句中，都包含了一个参数"callback"，此参数可以设置当前效果执行结束后要接着执行的函数。我们可以利用这个参数实现连续执行动画的效果。在"\范例\ch09\9-10.html"中，通过一个按钮执行文字淡出后再淡入的连续动画。

\范例\ch09\9-10.html (JavaScript 部分)

```
<script type="text/javascript">
    $(document).ready(function(){
        $(".btn1").click(function(){
            $("p").fadeOut(1000, function(){
                $("p").fadeIn(1000);
            });
        });
    });
</script>
```

❖　自定义动画（animate）

如果上述的动画效果无法满足开发游戏的需求也没关系，jQuery 还提供了让开发人员可以自定义动画的函数 animate，其基本语句如下：

```
animate(params[,duration[,easing[,callback]]])
```

语句中包含四个参数，从表 9-2 先来认识这些参数如何帮助我们执行动画的内容。

表 9-2　参数说明

参数	说明
params	可输入 CSS 样式
duration	输入动画执行的速度("slow","normal","fast")或秒数
easing	动画渐变方式，默认为线性(linear)
callback	当前动画执行完毕后接着执行的函数内容

在自定义动画中新出现的参数 easing 所代表的是动画渐变的方式，在默认为线性（linear）的情况下，动画会在指定时间内以"等速"的方式播放动画；若设置为渐快（easeInSine）的情况，动画会在前段时间执行较慢、后段时间执行较快。有关 easing 属性的更多内容，可访问展示网站（http://easings.net/zh-tw）。图 9-2 所示是 easing 属性代表的几种动画渐变方式。

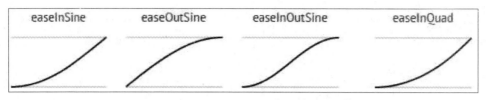

图 9-2　easing 属性代表的几种动画渐变方式

接下来请启动"\范例\ch09\9-11.html"网页程序，在这个范例中通过 animate 函数，以线性动画的方式改变<div>标签的显示范围。在参数 params 中设置 CSS 样式，指定<div>标签变化后的最终大小；参数 duration 设置动画执行的速度为 slow。

\范例\ch09\9-11.html

```html
<html>
<head>
<script src="http://ajax.googleapis.com/ajax/libs/jquery/1.7/jquery.min.js">
</script>
<script type="text/javascript">
    $(document).ready(function(){
        $("div").animate({
                width: '300px',
                padding: '20px'
                },'slow');
    });
</script>
</head>
<body>
    <div style="width: 100px; border: solid 1px red;">
      Hello!
    </div>
</body>
</html>
```

连续使用函数

❖ 连续队列（Chaining）

在大型游戏程序的开发中，一旦通过 jQuery 选取了某个标签，往往会进行不止一个的函数操作，例如可能对<div>标签同时进行 css、动画等多项设置。

```javascript
$("div").hide();
$("div").css("color", "red");
$("div").slideDown();
```

为了使语句更简洁明了，可以利用 jQuery 的特性连续使用函数（Chaining），只需要声明与选择一次<div>标签，接着使用小数点将各个处理函数串连起来，便可以达到连续处理函数的效果。

```
// 单行显示
$("div").hide().css("color", "red").slideDown();

// 逐行显示
$("div")
.hide()
.css("color", "red")
.slideDown();
```

❖　**函数 end()与 find()**

在连续使用函数的情况下，有时候会建立多层的选取器，这时如果仅需要在已经选取的范围内进行控制，可以通过函数 end 与函数 find 进行"相对"式的选取。以文字来说明非常抽象，我们用一个例子来帮助说明。

一般的选取方式是直接下达 jQuery 选取指令，例如这里有个多层的选取指令，需要选取<ul>标签下的<li>标签，并执行 addClass 的操作。

```
$("ul ")
.children("li")
.addClass("open");
```

我们知道此时所选取到的是<ul>标签下的<li>标签，如果我们对<li>做完想要执行的操作，要返回上一层的<ul>标签继续控制，除了重新再下一次选取指令外，还可以通过函数 end 来执行"回到上一组找到的元素"。因此下达这样的选取指令，就会重新选到<ul>标签。

```
$("ul ")
.children("li")
.addClass("open")
.end();
```

回到<ul>标签之后，接下来想要选取<ul>标签下的<a>标签，进行别的处理操作，这时候可以应用函数 find 来执行，函数 find 的选取范围仅会在当前所选的元素下进行搜索，所以以下指令会对<ul>标签下的<a>标签执行 slideDown 效果。

```
$("ul ")
.children("li")
.addClass("open")
.end();
.find("a")
```

```
.slideDown();
```

9.3　开源模块的应用

jQuery 对于游戏开发的帮助何在？想必是大家最关注的问题。先前曾提到 jQuery 拥有丰富的网上论坛资源，所以已经有很多很棒的功能被网友编写成开源模块，并上传到网络空间免费供大家下载使用。我们只要了解这些模块的引用方式，就可以轻松地应用到自己的游戏中，无需再重新开发。

认识 jQuery Plugin

在 jQuery 中的开源模块被称为"Plugin"，因为我们在开发游戏或网页时，其实会发现有许多 jQuery 功能会不断地被使用，但长期一直通过程序代码剪剪贴贴的方式来编写程序，对于开发人员来说实在是很不方便。

为了解决这个难题，jQuery 因而有了 Plugin 的机制。Plugin 机制的运行方式，是可以让我们将常用的 jQuery 打包成一个 js 文件，日后只要在 HTML 中通过正确的参数引用这个 jQuery Plugin，就可以直接将所需功能集成到我们的程序中。

由于一个 jQuery Plugin 就是代表一个独立的模块功能，因此不会和自己编写的 HTML 程序混杂在一起，在管理与开发上显得更加有条理。然而，对我们而言更有吸引力的地方，就是可以直接引用别人分享的免费 jQuery Plugin 而快速设计出自己想要的游戏功能。

引用 jQuery Plugin

引用 jQuery Plugin 和引用 jQuery 函数库的概念一样，都是通过<script>标签从外部引用 jQuery。假设下载了一个 jQuery Plugin，将其保存在与 HTML 文件同样的路径下，就可以通过以下的<script>标签引用 jQuery Plugin，其中"mytoolbox.js"是 jQuery Plugin 的文件名，请根据实际引用的文件名自行替换。

```
<script type="text/javascript" src="mytoolbox.js"></script>
```

将 jQuery Plugin 从外部导入后，就可以在 HTML 文件内使用这个模块，而此模块的方式与使用 jQuery 函数的方法相同，必须先选择所要处理的元素，并将此模块的名称当作一个函数来调用。例如选择 class 名为 test 的元素执行名为 mytoolbox 的模块，可以使用以下语句：

```
$(document).ready(function(){
        $('.test').mytoolbox();
});
```

创建 jQuery Plugin

虽然引用别人的 jQuery Plugin 很方便，但还是需要学习一下如何从零开始创建 jQuery Plugin，只有了解 Plugin 的结构，才能懂得如何修改 Plugin 使其更适合自己的程序，日后更可以创建自己的 jQuery Plugin 分享给其他网友。

❖　jQuery Plugin 基本模版

jQuery Plugin 的基础写法有很多种形式，这里仅提出一种供大家参考，未来在开发 jQuery Plugin 时可以以这段语句当作开头。在这段语句中，首先使用 jQuery.fn 指令，代表声明一个 jQuery Plugin 对象；mytoolbox 是此 plugin 对象的名称，可以按照需求自行命名；接着返回一个 each 方法，用来逐一执行相应的操作。如果具有编写 C 语言的经验，其实可以把 this.each(function() { }); 当作 main()，也就是 plugin 的程序主体。

```
(function( $ ){
        $.fn.mytoolbox = function() {
                return this.each(function() {
                // 动作内容
                });
        };
})(jQuery)
```

❖　加入操作内容

有了基本模版之后，就可以加入操作内容开发属于自己的 jQuery Plugin 了。在这里我们设计了一个检查标签 id 的 Plugin 模块，只要用鼠标单击网页中的任一标签，就会以提示窗口的方式显示该标签的 id 名称。

根据之前所学的 jQuery 指令，要完成这个功能需要用到 click 函数来判断鼠标单击事件，因此完整的 Plugin 请参考下面的程序代码，请将这个文件存储为 JS 格式，并命名为 mytoolbox，这样便创建了一个完整的 Plugin 模块。

这里需特别注意的是 this 的功能，在主程序中的($this)代表的是 jQuery 选择器；而没有括号的 this 代表的是 DOM 的内容，也就是 HTML 标签中的元素，两者代表的含义不同。

```
(function( $ ){
        $.fn.mytoolbox = function() {
                return this.each(function() {
                        $(this).click(function(){
                                alert(this.id);
                        });
                });
```

```
    };
})(jQuery)
```

应用 jQuery Plugin

接下来从"\范例\ch09\9-12\mytoolbox.js"来观察 jQuery Plugin 文件和 HTML 文件之间的关系。本范例在 HTML 中放置了两个<div>标签，并导入了能够提示单击元素 id 的 jQuery Plugin，将原本静态的网页加入互动功能。当使用鼠标单击来单击不同的 check 字样时会提示不同的 id 名称。

在范例文件夹中可以看到两个文件，分别是 HTML 文件与 JS 文件。名为 mytoolbox 的 JS 文件，也就是我们在前一阶段所保存的 jQuery Plugin。其功能很简单，就是判读用户所单击的元素，并用提示窗口（alert）显示该元素 id 名称。

\范例\ch09\9-12\mytoolbox.js

```
(function( $ ){
    $.fn.mytoolbox = function() {
        return this.each(function() {
            $(this).click(function(){
            alert(this.id);
        });
    });
};
})(jQuery)
```

名为"9-12"的 HTML 文件主要用来存放网页显示的内容，主要显示两个文字内容为 check 的<div>标签。

除了 HTML 标签与 CSS 信息外，需要通过<script>标签导入 jQuery Plugin 的路径；成功链接 jQuery Plugin 后，便用 jQuery 语句选择 class 为 test 的元素调用 jQuery Plugin 函数，也就是只有 class 为 test 的元素被鼠标单击后才会在提示窗口中显示 id 名称。

\范例\ch09\9-12\9-12.html

```
<html>
<head>
<script src="http://ajax.googleapis.com/ajax/libs/jquery/1.7/jquery. min.js">
</script>
<script type="text/javascript" src="mytoolbox.js"></script>
<script type="text/javascript">
    $(document).ready(function(){
        $('.test').mytoolbox();
    });
```

```
</script>
<style type="text/css">
    .test {
    border:1px solid #CCC;
    cursor:pointer;
    padding:3px;
    }
</style>
</head>
<body>
    <div id="test1" class="test">
    check
    </div>
    <div id="test2" class="test">
    check
    </div>
</body>
</html>
```

9.4　范例：拉霸游戏

在 jQuery 章节的最后，将使用网友分享的 jQuery Plugin，以不可思议的速度开发 HTML5 拉霸游戏。因此学习的重点，除了要与大家分享 jQuery Plugin 资源该去哪里去找之外，还要教大家如何根据说明文件，将网友的 jQuery Plugin 引用到自己的程序中，这样可以节省大量的开发时间。

jQuery Plugin 资源

jQuery Plugin 的资源非常丰富，与其一一介绍 jQuery 的各种特效怎么做，还不如分享 jQuery Plugin 的在线资源，教大家如何自己去宝库中挖宝。

❖　jQuery 官方资源

目前 jQuery Plugin 开源模块的资源，可以到 jQuery 官网的 plugins 论坛（http://plugins.jquery.com/）去寻找。官网根据 jQuery Plugin 的性质，将 Plugin 分成 10 大类，包括 ui、jquery、form、animation、input、image、responsive、slider、ajax 和 scroll。其内容包罗万象，从界面、动画、特效、传输等开源模块一应俱全，说不定有许多你想要却不知道怎么开发的程序功能，其实早有人编写成 jQuery Plugin 等你去用呢。

进入 jQuery 官网的 plugins 论坛后，可以选择用关键词搜索，或是从分类中去浏览想要的

jQuery plugin。如图 9-3 所示。

图 9-3　到 jQuery 官网的 Plugins 论坛搜索想要的插件

接着从分类单击"UI"，可以看到所有 UI 分类下的 jQuery plugin。可先从简单的文字介绍评估是不是自己感兴趣的功能。如图 9-4 所示。

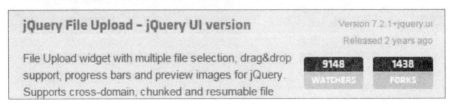

图 9-4　jQuery 官网中的 UI Plugin

选择自己感兴趣的 jQuery plugin 后，可以看到介绍画面，内容包括版本信息、下载链接、观看 Demo 以及说明文件。当然先来单击"try a demo"来看看这个 jQuery plugin 能实现出什么样的效果。如图 9-5 所示。

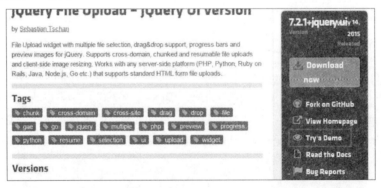

图 9-5　要了解官网论坛中 Plugin 的效果，可以先看看 Demo 演示

从 Demo 演示中可以了解，原来这个 jQuery plugin 是实现一个数据上传(file upload)的系统，如图 9-6 所示。如果刚好需要这个 UI 就太棒了，直接单击"Download"把这个 jQuery plugin 下载下来，直接引用到 HTML 文件中就不用再自己从零开始开发了，是不是省下了很多时间呢？

图 9-6　Demo 演示的效果

❖　jQuery 插件库

　　如果觉得看英文很辛苦的话也没关系，这里分享一个中文的 jQuery 插件库资源（http://www.jq22.com/）。里面将 jQuery plugin 分成 UI、输入、媒体、导航与其他等五大分类，每个分类下又再细分出许多类，在分类查找的逻辑上似乎比 jQuery 官网更合理，能够帮助我们更快地找到想要的东西。如图 9-7 所示。

图 9-7　中文的 jQuery 插件库资源网站

　　单击自己感兴趣的 jQuery plugin 后，一样可以看到"查看演示"、"立即下载"以及"浏览器兼容性"等信息。这次挑到的 jQuery plugin 是可以在画面上制作 3D 雪花特效的插件，实在是太酷了，如图 9-8 所示，赶紧把它下载下来引用到自己的程序中吧！

图 9-8　可以制作 3D 雪花效果的 jQuery 插件

拉霸游戏

　　这里要分享的拉霸游戏范例就是从 jQuery 官网中所找到的。可单击链接网址，跟着本书的步骤一起练习如何将一个网络上找到的 jQuery plugin 引用到自己的程序中。

❖ **下载文件**

拉霸游戏（http://plugins.jquery.com/jslots/）是 Matthew Lein 所开发的 jQuery plugin。虽然是开源的模块，但是在使用的时候仍然要记得标注出作者信息，千万不要冒充是自己原创的作品。看到喜欢的 jQuery plugin，第一步先选择"Download"把文件下载下来。

❖ **Demo 展示**

文件下载之后，从解压缩的文件中发现有 index.html 文件，单击启动后发现是这个范例的 Demo 演示。哇！打开之后真是大开眼界，由七个色彩缤纷数字所组成的拉霸游戏。如图 9-9 所示。

图 9-9　拉霸游戏的 Demo 演示

❖ **阅读说明文件**

看了演示之后，实在是迫不及待地想要引用到自己的游戏里面。这时候可以先阅读作者所提供的说明文件，文件中会解释这个程序所使用的参数，以及若要引用到 HTML 文件中所需的要件。

❖ **实现拉霸游戏**

接着我们就跟着说明文件来一步步构建属于自己的 jQuery 拉霸游戏。共计可分成"引用 jQuery"、"创建 HTML 标签"、"调用 jQucry plugin 函数"与"CSS 外观设置"等四人环节。

• 引用 jQuery

文件注明需要引用三个 jQuery 文件，分别是 jQuery 函数库、jSlots plugin 和 easing plugin。jQuery 函数库可以通过 Google 在线导入，jSlots 和 easing 则是跟着文件下载下来的 js 文件，所以要放在与 HTML 文件相同的路径下。接着打开 HTML 文件，使用<script>标签引用此三个 jQuery。

```
<script src="http://ajax.googleapis.com/ajax/libs/jquery/1.7/jquery.min.js">
</script>
<script src="jquery.easing.1.3.js" type="text/javascript" charset="utf-8">
</script>
```

```
<script src="jquery.jSlots.min.js" type="text/javascript" charset="utf-8">
</script>
```

- 建立 HTML 标签

文件中说明需要建立一个 list 列表，此列表要放置拉霸游戏会出现的数字，另外还需要一个 button 按钮来启动游戏。因此创建 HTML 标签如下：

```
<ul class="slot">
    <li>1</li>
    <li>2</li>
    <li>3</li>
    <li>4</li>
    <li>5</li>
    <li>6</li>
    <li>7</li>
</ul>
<input type="button" id="playNormal" value="play">
```

- 调用 jQuery plugin 函数

接着要使用 jQuery 选择指令与函数来触发 jQuery plugin。由于拉霸游戏所要转动的数字被定义在<ul>标签中，因此使用 jQuery 选择器选择 class 名为 slot 的元素，并调用 jSlots 函数。另外这个 jQuery plugin 需要输入 spinner 和 winnerNumber 两个参数，spinner 为设置触发游戏的按钮，在此指定为 id 为 playBtn 的元素，winnerNumber 为中奖的数字，按惯例当然是设置为 7，也就是出现 3 个连续的 7 时就会提示中奖。

```
$('.slot').jSlots({
    spinner : '#playNormal',
    winnerNumber : 7
});
```

- CSS 外观设置

最后 CSS 外观设置的部分，当然是任由大家自由发挥了。但如果还没想好要怎么设计也没关系，先使用文件中建议的方式设置好就行。

```
.jSlots-wrapper {
    overflow:hidden;
    height: 20px;
    display: inline-block;
    border: 1px solid #999;
}
```

❖ **范例 9-13**

到这里为止，我们已经做好了自己的拉霸游戏了。千万别怀疑，站在巨人的肩膀上，让整个游戏开发的过程事半功倍。有了这款 jQuery plugin，便可以将大量的时间花费在外观设计上，不必再重新编码设计拉霸的程序运行机制部分。

在这里也和大家分享一下本书所创建的拉霸游戏的 HTML 文件，可以执行"\范例\ch09\9-13"文件夹中的 index.html 看看执行成果，并且研究一下 HTML 程序的内容，自己开发的部分短短不到 60 行程序就完成了游戏程序的设计工作。

第 10 章
趣味交互式个人履历网站

制式的文字履历、简单明了的个人履历网站，要如何在这个多媒体时代让你的履历脱颖而出？只要你学过 HTML5 游戏开发，善用 HTML5 的超强互动功能加入一点巧思，就能设计出"趣味交互式个人履历网站"。本章结合游戏元素，通过动画、滚动条的控制和按钮链接，让面试官能够"边玩边看"你的个人履历，保证让人耳目一新、印象深刻。

在本章中将学到的重点内容包括：

- 大型游戏策划流程
- CSS 动画呈现技巧
- jQuery 视差滚动技巧
- jQuery 动画触发技巧

10.1 确定履历呈现的内容单元

虽然程序内容是开发游戏的重点，可是没有优秀的策划作为游戏的开头与故事设计，也难以设计出一个图文丰富、剧情流畅的"游戏式履历"。在本章的第一个单元中，遵循游戏开发的流程，先从"游戏策划"开始，厘清整个游戏的故事设计，包括"角色设置"、"场景设置"、"美术风格"、"故事脚本"和"系统规划"等信息。如图 10-1 所示。

图 10-1　游戏开发的流程

角色设置

为了让观看履历的人能够有强力的参与感，以及有兴趣将履历看完的动力，因此想设计一个"闯关"性质的游戏，并且能够设计一个角色让观看者能够自由操控。在这样的条件前提下，第一个进入脑海的超人气游戏就是"玛莉兄弟"此类 2D 横向滚动的游戏，玩家可以控制自己扮演的主角，伴随着未知的冒险努力前进，期待迎来最后的胜利。

❖　原始人

根据这样的目标进行设想，由于"投履历"这个行为有种在未知世界拓荒冒险的精神，因此本游戏将主角设置为一个上古时代的原始人，凭着简单的短矛在原始世界中闯荡。

❖　野猪

以玛莉兄弟来说，支持玩家继续前往冒险的动力是为了救出公主，从而展开一连串关卡的冒险，那么我们游戏的原始人又是为了什么而跑呢？总要设计一个目标吧？所以我们加入了一个角色"野猪"，让原始人为了追逐逃出栅栏的野猪、为了生存下去的目标而跑。

场景设置

决定游戏主角是"原始人"和"野猪"后，自然就可以决定游戏画面中的场景，将会是偏向上古时代的世界，例如高山、原野以及各种动物。在游戏式履历中，我们设计了五个场景用来表达我们所需要呈现的履历项目，包括"首页介绍"、"专业能力"、"设计资历"、"作品集"及"mail 联系"。

❖　**首页介绍**

首页介绍等同于是个人履历的封面，因此在这个画面中首先要呈现"某某某个人履历"的标题，并将游戏主角"原始人"和"野猪"放置到画面中，准备展开追逐。另外记得加入文字说明，介绍这个游戏式履历的操控方式，是通过"横向滚动条"或"键盘箭头键"来控制，引导观看者开始浏览。游戏画面如图 10-2 所示。

图 10-2　游戏风格的"个人履历"首页

❖　**专业能力**

人与猪的追逐开始后，接下来跑到了第二个游戏场景。这一部分的履历内容想要介绍个人专业能力的等级，画面的构思打算采用"蝙蝠数量"的多寡来展示在各个专业技术上的评比等级。

例如"Illustrator"是个人强项，因此给自己"四颗星"的评价，其余"PhotoShop"和"HTML"稍逊一些，给自己"三颗星"的评价。希望通过这种表达方式，可以用"图像化"的方式展现自己的主要专业能力强项，协助观看者清楚地知道用户的职务定位。如图 10-3 所示。

图 10-3　用"图像化"的方式展示"个人履历"中的专业能力

❖ **设计资历**

既然引导观看者开始思考我的"职务定位",那么接着就来介绍个人过去曾参与过的工作经历或项目执行的经验,从资历中去证明我在别的地方是如何发挥我的能力。

在这幕场景中按照过去的工作经验,分类成"网页设计"、"游戏设计"以及"产品设计"等三个标题,由于在游戏页面中如果表达过多的文字信息,将会让游戏场景的观感和质量下降,所以这个交互式游戏履历主要作为其他细节信息网页的一个中转页面,如果在别的网页已经建立了资历的文字信息,就可以让观看者单击这些标题链接,转过去查看详情,这样就可以保持游戏场景的整洁有序。如图 10-4 所示。

图 10-4 用"图像化"的方式展示"个人履历"中的个人工作经验

❖ **作品集**

说了那么多的专长和资历,实在是口说无凭,那就来看看我个人的作品集吧!这个场景的设计构思与上一幕类似,通过飘浮在天空的气球表达作品集内容的分类,包括"游戏"、"绘画"和"网页",同样可以让观看者单击气球中的超链接,连到作品集展示的网页。如图 1-5 所示。

图 10-5 "个人履历"中的作品集

❖　**mail 联系**

经过一连串的追逐，原始人终于把野猪赶回猪圈中了，这也代表着游戏履历即将进入尾声。因此在履历的最后要留下个人的联络方式，当然也是投履历最重要的目标，希望能够取得面试官的赏识与联系了。如图 10-6 所示。

所以在这幕场景中提供了一个 mail 的链接，应用先前学过的 mail 发送技巧，让观看者可以一键启动 mail 系统并自动填入"收件人"、"标题"等信息，贴心的设计减少面试官自己输入信息的麻烦。

图 10-6　"个人履历"中的个人联络方式

美术风格

既然是以 HTML 技术为基础所设计的游戏网页，自然不能仅仅用单调的平面图画来显示，因此必须为游戏场景中出现的角色加入动画技巧，也就是先前学过的"角色表（sprite）"，通过动作的连续播放让角色能够在画面中动起来，充满真实感。

以下将需要用到 sprite 的角色以及它们的动作分解图，如图 10-7 所示，其他场景的设计图像文件可以进入"\范例\ch10\image"文件夹内浏览。为了应用的方便，也一并将设计原稿分享给读者，若您有设计资质的背景，懂得使用 Adobe 系列的"Photoshop"和"Illustrator"，可以从设计原稿中的"图层概念"来理解如何制作动作分解图。

图 10-7　角色动作分解图

故事脚本

决定好场景规划和美术设计后，接下来该编写一个故事脚本，故事脚本就像是电影中的剧本一样，必须明确规划每个场景的布局、角色动作和触发剧情等信息。在后续程序开发时就能够按照这个脚本进行设计，在明确的目标下编写程序，可以有效地加速开发流程。

- 场景一：首页介绍
- 故事剧情

由于野猪逃出了猪圈，因此原始人展开了一场追赶野猪的冒险旅程。在故事的开端必须告诉观看者这个游戏的主题是"xxx 个人履历"，并解释操作方式，让玩家能够顺利地开始游戏。

❖ **美术元素**

如表 10-1 所示。

表 10-1　元素名称及内容 1

元素名称	元素内容
标题云	以文字显示当前页面的主题为"xxx 个人履历"
背景	以远山与彩虹构成的背景图
南瓜	路边的植物
原始人	手持长矛的主角，从图层可以看出主角在猪圈内
野猪	逃出猪圈的野猪，从图层可以看出野猪在猪圈外

（续表）

元素名称	元素内容
栅栏	以栅栏表示猪圈，以图层安排猪圈内外的关系
说明文字	以动画显示操作说明，吸引注意力

❖ 场景二：专业能力

- **故事剧情**

第二个场景的主题是"专业能力"，以蝙蝠数量作为"图标化"表达各个专业能力的评比。为了让画面出现转场动画的感觉，安排蝙蝠群从山的那一头飞出来，然后渐渐排列在专业能力之后，而不是一开始就死板板地出现在画面中。

- **美术元素**

如表 10-2 所示。

表 10-2　元素名称及内容 2

元素名称	元素内容
标题云	以文字显示当前页面的主题为"专业能力"
背景	以远山与彩虹构成的背景图
原始人	手持长矛的主角
野猪	逃出猪圈的野猪
专业能力文字	显示 Illustrator、PhotoShop、HTML 三项技术
蝙蝠	代表专业能力的评比，以动画进入画面

❖ 场景三：设计资历

- **故事剧情**

第三个场景的主题是"设计资历"，以"云上的猪"代表各个设计资历的链接按钮，为了让按钮可以更加明显，加入"闪烁"和"飘浮"动画让云上的猪动来动去，吸引注意力；另外还加入了一座山，用来代表场景的更换。

- **美术元素**
如表 10-3 所示。

表 10-3　元素名称及内容 3

元素名称	元素内容
标题云	以文字显示当前页面的主题为"设计资历"
背景	以远山与彩虹构成的背景图

（续表）

元素名称	元素内容
原始人	手持长矛的主角
野猪	逃出猪圈的野猪
云上的猪	显示网页设计、游戏设计与产品设计的链接按钮
山	加入新元素"山"，代表场景更换

❖ **场景四：作品集**

● 故事剧情

第四个场景的主题是"作品集"，以"气球"代表各个作品项目的链接按钮，并加入"飘浮"动画强化气球在空中飞的真实感；第二加入了一直会来回飞翔的鸟在气球附近盘旋，也是强化玩家注意力的一种方式；另外这里还加入了一个触发动画，当野猪经过恐龙身边的时候吓了一大跳，所以会跳起来一下在继续奔跑。

● 美术元素

如表 10-4 所示。

表 10-4 元素名称及内容 4

元素名称	元素内容
标题云	以文字显示当前页面的主题为"作品集"
背景	以远山与草地构成的背景图
原始人	手持长矛的主角
野猪	逃出猪圈的野猪，经过恐龙会跳起来一下
恐龙	在原野上觅食的恐龙
气球	作品集的链接按钮
小鸟	来回盘旋飞舞的小鸟

❖ **场景五：mail 联系**

● 故事剧情

来到最后一个场景，主题是"有兴趣请联系我"，这里以长颈鹿的动画对话窗口来显示"mail"的链接。画面中也再度出现栅栏，代表又追回猪圈了，那到底有没有追到野猪呢？让这故事继续下去吧！

● 美术元素

如表 10-5 所示。

表 10-5　元素名称及内容 5

元素名称	元素内容
标题云	以文字显示当前页面的主题为"有兴趣请联系我"
背景	以远山与草地构成的背景图
原始人	手持长矛的主角
野猪	逃出猪圈的野猪
长颈鹿	长颈鹿会出现对话窗口，提供 mail 链接
栅栏	以栅栏表示猪圈

系统规划

完成整个故事脚本的规划，就可以预期在程序部分必须安排哪些技巧。大家可以打开"\范例\ch10"的文件夹，将文件与下表 10-6 进行对比。

表 10-6　文件介绍

文件名称	内容
文件夹 img	放置所有游戏美术素材
文件夹 js	放置 jQuery 函数库，需使用 jQuery 控制触发动画
HTML 文件 ch10	安排各元素的放置，并加入 jQuery 语句控制触发动画
CSS 文件 style	安排各元素的外观与排版，控制常态动画
CSS 文件 reset	统一 CSS 标签，可让程序适应各种浏览器版本

❖　**触发动画**

所谓的触发动画是指当画面执行到某一程序时才会执行的动画，这部分由于需要加入"触发点"的判断，因此使用 jQuery 来安排动画播放。各场景的触发动画整理如表 10-7 所示：

表 10-7　场景及触发内容 1

场景	触发内容
各场景	滚动条移动与布局，控制背景对象跟着角色移动(按键触发)
各场景	控制原始人和猪在移动时的动画播放(按键触发)
场景二	画面进入场景二时，触发"蝙蝠飞入"动画(场景触发)
场景二	画面进入场景二时，触发"猪跳跃"动画(场景触发)
场景四	猪经过恐龙时会再跳跃一次(场景触发)
场景五	猪经过长颈鹿时触发 mail 对话框动画(场景触发)

❖ 常态动画

常态动画则是原本角色就会执行的动画内容，请参考各场景会使用到的常态动画，这些动画的实现将在 CSS 文件中进行如表 10-8 所示。

表 10-8　场景及触发内容 2

场景	触发内容
各场景	控制原始人和猪的"角色表"播放
场景一	游戏操作方式的提示文字动画
场景二	蝙蝠振翅动画
场景三	"云上的猪"飘浮与闪烁动画
场景四	"气球"飘浮与"小鸟"振翅动画

❖ 统一 CSS 标签

制作网页最耗时间的部分就是画面元素的排版，然而很不幸，目前不同浏览器与不同版本的 CSS 默认值并非一致，导致开发人员在设计程序时必须考虑到各种版本浏览器下的 CSS 指令，不仅增加了程序的复杂度，更让画面排版过程变得非常痛苦。

为了解决这一窘境，与其在程序中加入适应各浏览器的 CSS 指令，不如在一开始就先声明统一的 CSS 参数。因此在开始进行 CSS 排版前，建议先运行 reset.css 文件，此文件的内容可以让不同浏览器下的 style 默认达到统一，如此一来就能够以唯一的标准进行版面绘制，这样在不同浏览器绘制的结果就会一致，使排版效率跟着提高了。

打开 reset.css 文件，可以看到此程序的内容是将各种 CSS 标签挑出来，并在"margin"、"padding"、"border"等外观参数上给予统一。这样一来即使在不同版本的浏览器下，也能够以一套程序代码就解决了跨平台的问题，非常方便。因此，未来在游戏中也可适当利用这个文件来进行 CSS 属性的初始化。

设置所有 HTML5 标签在框线、文字与对齐方式上的 CSS 属性。

\范 例\ch10\reset.css

```
html,body,div,span,applet,object,iframe,
h1,h2,h3,h4,h5,h6,p,blockquote,pre,
a,abbr,acronym,address,big,cite,code,
del,dfn,em,img,ins,kbd,q,s,samp,
small,strike,strong,sub,sup,tt,var,
b,u,i,center,
dl,dt,dd,ol,ul,li,
fieldset,form,label,legend,
table,caption,tbody,tfoot,thead,tr,th,td,
article,aside,canvas,details,embed,
figure,figcaption,footer,header,hgroup,
```

```
menu,nav,output,ruby,section,summary,
time,mark,audio,video {
    margin: 0;
    padding: 0;
    border: 0;
    font-size: 100%;
    font: inherit;
    vertical-align: baseline;
}
```

统一旧版浏览器中部分标签的属性，使其与 HTML5 中的属性一致。

\范例\ch10\reset.css

```
/* HTML5 display-role reset for older browsers */
article,aside,details,figcaption,figure,
footer,header,hgroup,menu,nav,section {
    display: block;
}
body {
    line-height: 1;
}
ol,ul {
    list-style: none;
}
blockquote,q {
    quotes: none;
}
blockquote:before,blockquote:after,
q:before,q:after{
    content: '';
    content: none;
}
table {
    border-collapse: collapse;
    border-spacing: 0;
}
```

10.2　建立视差滚动网站场景

　　完成游戏策划后，将按照原先所规划的故事线来安排场景元素。当执行本章范例时，可以注意到网页下面出现了可以横向移动的滚动条，这代表着原本画面的安排是以"超过画面横向显示范围"的方式进行布局的，也就是说虽然画面上还看不到，但其实从第一个场景到最后一个场景在加载游戏时就都已经布置好了，最后只是靠着滚动条移动来达到场景切换的效果。

最直接的证据，可以打开 img 文件夹中的"bg_Rainbow"图像文件。此图像是整个游戏场景的背景，图像尺寸为 3546*769，从宽度可以发现远远超出了屏幕的最宽显示范围。如图10-8 所示。

图 10-8　超长的游戏背景图像

初始设置

理解视差滚动网站的原理后，接着可以从 HTML 文件中布局所有游戏元素。在 HTML 文件开头的部分声明使用的版本、编码格式，并导入外部 CSS 文件。"reset.css"用来统一各种浏览器版本的 CSS 属性；"style.css"用来存放各个游戏元素的外观设计以及常态动画。

```
<!DOCTYPE html PUBLIC "-//W3C//DTD XHTML 1.0 Transitional//EN"
"http://www.w3.org/TR/xhtml1/DTD/xhtml1-transitional.dtd">
<htmlxmlns="http://www.w3.org/1999/xhtml">
<head>
<metacontent="text/html; charset=UTF-8"http-equiv="Content-Type"/>
<title>ch10</title>
<!-- 先重置 css 设置后，再加载自设置的 css，排版效率才会提升 -->
<linkhref="Reset.css"rel="stylesheet">
<linkhref="style.css"rel="stylesheet">
</head>
```

游戏内容

在游戏内容中将以<div>标签作为不同元素的分组分类，可分为"图层"、"标题"以及"角色"三大分组。

❖　**图层(id="Floor")**

图层这个分组用来安排游戏的"背景"元素，也就是像天空、远山、栅栏、地板、南瓜此类不会"动"而纯粹是装饰用的元素。

即使用装饰的元素，其实也有"图层"的关系，也就是图片的顺序，例如在所有图片最底层的元素，包括背景、彩虹、恐龙、长颈鹿、信箱、草地和背景云。

长颈鹿的部分是通过 mail 窗体控制来启动电子邮件传送，所以设置传输网址字符串，可自行更改为自己的邮箱地址，并加入默认的邮件标题（subject）和邮件内容（body）。

"mailto:test@gmail.com?subject= 请输入标题 &body= 请输入内容"

```
<!-- 背景与彩虹 -->
<divid="Bg"></div>
<divid="RainBow"></div>
<!-- 恐龙 -->
<divid="Dinosaur"></div>
<!-- 长颈鹿 -->
<divid="Giraffe">
<!-- 信箱超链接 -->
<aid="Speak"href="mailto:test@gmail.com?subject= 请输入标题 &body=请输入内容 ">
</a>
</div>
<!-- 草 1 和草 2-->
<divid="Grass1"></div>
<divid="Grass2"></div>
<!-- 背景云 -->
<divid="bg_Cloud">
<imgid="bg_Cloud1"class="bg"src="image/Cloud.png"width="280px"
height="162px"/>
<imgid="bg_Cloud2"class="bg"src="image/Cloud.png"width="340px"
height="165px"/>
<imgid="bg_Cloud3"class="bg"src="image/Cloud.png"width="340px"
height="165px"/>
<imgid="bg_Cloud4"class="bg"src="image/Cloud.png"width="300px"
height="122px"/>
<imgid="bg_Cloud5"class="bg"src="image/Cloud.png"width="200px"
height="132px"/>
<imgid="bg_Cloud6"class="bg"src="image/Cloud.png"width="340px"
height="165px"/>
<imgid="bg_Cloud7"class="bg"src="image/Cloud.png"width="180px"
height="112px"/>
<imgid="bg_Cloud8"class="bg"src="image/Cloud.png"width="240px"
height="152px"/>
<imgid="bg_Cloud9"class="bg"src="image/Cloud.png"width="180px"
height="112px"/>
<imgid="bg_Cloud10"class="bg"src="image/Cloud.png"width="340px"
height="165px"/>
```

```
</div>
```

安排在画面中层的元素，包括栅栏和地板。

```
<!-- 栅栏 1 -->
<divid="Fences1"></div>
<!-- 栅栏 2 -->
<divid="Fences2"></div>
<!-- 地板 1 -->
<divid="Floor1"></div>
<!-- 地板 2( 小土拨 ) -->
<divid="Floor2"></div>
```

安排在画面最上层的元素，包括操作提示、洞窟和南瓜。

```
<!-- 内容 4( 操作提示 ) -->
<fontsize="5"color="#666666"id="content4">
请使用 chrome 启动！按键盘←或→键或拉动水平滚动条，慢慢控制人物移动速度
</font>
<!-- 洞窟 -->
<divid="Cave"></div>
<!-- 南瓜 1 -->
<divid="Pumpkin1"></div>
<!-- 南瓜 2 -->
<divid="Pumpkin2"></div>
```

❖ **标题(id="title")**

标题元素则是游戏中所有文字标题的部分，例如每个场景的标题云，以及设计资历、作品集之类的按钮文字。

"场景一"是履历首页，出现的标题文字只有"xxx 个人履历"。

```
<!-- 标题云 1 -->
<divclass="Cloud"id="Cloud1">
  <!-- 标题文字 -->
  <fontclass="title"size="7"color="#F26522">Sues 个人履历 </font>
</div>
```

"场景二"是专业能力介绍，出现的标题文字包括"专业能力"、"Illustrator"、"PhotoShop"和"HTML"。

```
<!-- 标题云 2 -->
<divclass="Cloud"id="Cloud2">
    <!-- 标题文字 -->
```

```
        <fontclass="title"size="7"color="#F26522"> 专业能力 </font>
    </div>
    <!-- 内容 1 -->
    <fontsize="7"color="#F26522"id="content1">Illustrator</font>
    <!-- 内容 2 -->
    <fontsize="7"color="#F26522"id="content2">PhotoShop</font>
    <!-- 内容 3 -->
    <fontsize="7"color="#F26522"id="content3">HTML</font>
```

"场景三"是设计资历介绍，出现的标题文字只有"设计资历"。

```
    <!-- 标题云 3 -->
    <divclass="Cloud"id="Cloud3">
        <!-- 标题文字 -->
        <fontclass="title"size="7"color="#F26522"> 设计资历 </font>
    </div>
```

"场景四"是作品集介绍，出现的标题文字只有"作品集"。

```
    <!-- 标题云 4 -->
    <divclass="Cloud"id="Cloud4">
        <!-- 标题文字 -->
        <fontclass="title"size="7"color="#F26522"> 作品集 </font>
    </div>
```

"场景五"是 mail 联络，出现的标题文字只有"有兴趣请联系我"。

```
    <divclass="Cloud"id="Cloud5">
        <!-- 标题文字 -->
        <fontclass="title"size="7"color="#F26522"> 有兴趣请联系我 </font>
    </div>
```

❖　**角色(id="Character")**

角色标签内放置所有会"移动"的角色，因为后续需要通过 CSS 进行动画控制，所以要特别独立出来。

原始人和野猪，需要通过角色表呈现移动的动画，因此需独立出来。

```
    <!-- 主角 -->
    <divid="Player"></div>
    <!-- 猪 -->
    <divid="Pig"></div>
```

蝙蝠会通过场景切换触发"飞出来"的动画，以及"翅膀扇动"的常态动画，因此需要特别独立出来。而蝙蝠分别代表三项专业能力的评比等级,因此分成三层进行声明。

```html
<!-- 第一层蝙蝠 -->
<divid="Bat1"class="Bat1"></div>
<divid="Bat2"class="Bat2"></div>
<divid="Bat3"class="Bat3"></div>
<divid="Bat4"class="Bat2"></div>
<!-- 第二层蝙蝠 -->
<divid="Bat5"class="Bat3"></div>
<divid="Bat6"class="Bat1"></div>
<divid="Bat7"class="Bat2"></div>
<!-- 第三层蝙蝠 -->
<divid="Bat8"class="Bat2"></div>
<divid="Bat9"class="Bat3"></div>
<divid="Bat10"class="Bat1"></div>
```

云上的猪会通过"闪烁"与"漂浮"动画进行控制,因此需特别独立出来。而这里需特别注意的是,飞猪 1~3 代表的是设计资历的按钮链接,所以使用超链接标签<a>进行声明;其余飞猪只是装饰,就不需要特别处理。

```html
<!-- 飞猪 1 -->
<aid="FlyPig1"href="#1">
    <!-- 飞猪文字 -->
    <fontid="FlyPigText"size="6"color="#F26522"> 网页设计 </font>
</a>
<!-- 飞猪 2 -->
<aid="FlyPig2"href="#2">
    <!-- 飞猪文字 -->
    <fontid="FlyPigText"size="6"color="#F26522"> 游戏设计 </font>
</a>
<!-- 飞猪 3 -->
<aid="FlyPig3"href="#3">
    <!-- 飞猪文字 -->
    <fontid="FlyPigText"size="6"color="#F26522"> 产品设计 </font>
</a>
<!-- 飞猪 4 -->
<divid="FlyPig4"></div>
<!-- 飞猪 5 -->
<divid="FlyPig5"></div>
<!-- 飞猪 6 -->
<divid="FlyPig6"></div>
<!-- 飞猪 7 --> <divid="FlyPig7"></div>
```

气球会通过"飘浮"动画进行控制，除此之外，也是"作品集"的超链接按钮，所以同样使用超链接标签<a>声明，最后还要加上小鸟。

```
<!-- 气球 1 -->
<aid="Balloon1"href="#1">
    <!-- 气球文字 -->
    <fontid="BalloonText"size="6"color="#F26522"> 游戏 </font>
</a>
<!-- 气球 2 -->
<aid="Balloon2"href="#2">
    <!-- 气球文字 -->
    <fontid="BalloonText"size="6"color="#F26522"> 绘画 </font>
</a>

<!-- 气球 3 -->
<aid="Balloon3"href="#3">
    <!-- 气球文字 -->
    <fontid="BalloonText"size="6"color="#F26522"> 网页 </font>
</a>
<!-- 小鸟 -->
<divid="Bird"></div>
```

10.3　制作角色外观与常态动画

在 HTML 文件中完成各个元素的基本布局后，接下来可以在 CSS 文件中设计每个元素的外观，若元素包含常态动画，例如原始人、猪、蝙蝠、云上的猪、小鸟等角色表，也一并在 CSS 中使用 animation 和 keyframes 方法声明。

显示环境设置

显示环境设置是针对 HTML 的主要标签进行 CSS 属性设置，主要标签包括<body>、<content>和<a>。

```
/* 设置 body */
body {
    /*
    overflow-Y 右边垂直滚动条设为 hidden 隐藏
    background-color 背景底色设为 #000 黑色
    font-family 网页字型设为 Microsoft JhengHei, Arial 微软正黑体 ,Arial
    */
```

```
        overflow-Y:hidden;
        background-color: #000;
        text-align: center;
        font-family: Microsoft JhengHei, Arial;
    }
    /* 设置内容显示区域 */
    #content{
        /*
        min-height 最小高度设为 100%
        list-style 清单风格设为 none 不显示
        margin 边界设为 0
        padding 展开设置为 0
        white-space 段落文本设为 nowrap 不换行
        */
        min-height: 100%;
        list-style: none;
        margin: 0;
        padding: 0;
        white-space: nowrap;
    }
    /* 设置超链接 */
    a {
        /*
        color 文字颜色设为 #F26522 橙橘色
        */
        color: #F26522;
    }
```

天空背景设置

天空背景包括静态元素的设置，例如背景图（bg）、云朵（cloud）。天上对象的对齐方式都采用"left"和"top"进行按百分比值的设置，这样无论窗口放大缩小，摆放的位置都不会跑掉。

❖ 背景图（bg）

载入背景图像 bg_Sky.png，重新调整宽度与高度，并用绝对位置（absolute）的方式定位坐标；图像重复的部分设置为 repeat，表示图像会重复连续显示，这样背景才不会突然中断。

```
#Bg{
    position:absolute;
```

```
        width:502%;
        height:100%;
        background: url(image/bg_Sky.png);
        background-size:100%;
        background-repeat:repeat;
        left:0%;
        top:0%;/*84%*/
        z-index:0;
}
```

❖　云朵（cloud）

背景云总共有从 1~10，由于程序内容都一样，只是摆放位置不同，所以这里只列出"背景云 1"的程序。

```
/* 绘制背景云 1 */
#bg_Cloud1{
        opacity:0.6;
        position:absolute;
        top:13%;
        left:180%;
        z-index:0;
}
```

角色设置

角色设置是针对"原始人"、"野猪"、"蝙蝠"、"云上的猪"、"气球"和"小鸟"等进行 CSS 外观设置，然而这些角色因为还包含了基础动画，所以会加入 animation 和 keyframes 方法控制角色表的播放。

❖　原始人（player）

加载原始人图像 player_Rwalk1.png，并设计 animation 动画来控制角色移动的角色表播放，播放循环设置为 infinite、播放时间设置为 1 秒。

```
#Player{
        position:fixed;
        width:139px;
        height:203px;
        background: url(image/player_Rwalk1.png);
        background-size:139px 203px;
        background-repeat:no-repeat;
```

```
    left:35%;
    bottom:0%;/*84%*/
    z-index:3;
    margin:-186px 0 0 -168px;
    -webkit-animation-iteration-count:infinite;
    -webkit-animation-duration:1s;
    -webkit-animation-delay:0s;
}
```

因为游戏提供了用左右键控制角色的移动，所以角色表播放的部分包括"往右走"和"往左走"两种动画，动画的实现方式是通过轮流显示 Rwalk1 和 Rwalk2 两个文件来完成的。

```
/* 动画人物右走 */
@-webkit-keyframes RWalk{
    /*
    % 数为动画的时间轴长度百分比
    */
    0% {
            background: url(image/player_Rwalk1.png);
            background-size:139px 203px;
        }
    50% {
            background: url(image/player_Rwalk2.png);
            background-size:139px 203px;
        }
    100%
        {
            background: url(image/player_Rwalk1.png);
            background-size:139px 203px;
        }
}
/* 动画人物向左走 */
@-webkit-keyframes LWalk{
    /*
    % 数为动画的时间轴长度百分比
    */
    0% {
            background: url(image/player_Rwalk2.png);
            background-size:139px 203px;
        }
    50% {
            background: url(image/player_Rwalk1.png);
```

```
                    background-size:139px 203px;
                }
        100%           .
            {
                    background: url(image/player_Rwalk2.png);
                    background-size:139px 203px;
                }
    }
```

❖ **野猪（pig）**

野猪的部分同样分为外观设置与动画，设计的方式和原理与原始人一样。

```
/* 绘制猪 */
#Pig{
        position:fixed;
        width:471px;
        height:386px;
        background: url(image/Pig1.png);
        background-size:100%;
        background-repeat:no-repeat;
        left:75%;
        bottom:0%;/*84%*/
        z-index:0;
        margin:-186px 0 0 -168px;

        -webkit-animation-iteration-count:infinite;
        -webkit-animation-duration:1s;
        -webkit-animation-delay:0s;
}
/* 动画猪走路 */
@-webkit-keyframes PigWalk{
    /*
    % 数为动画的时间轴长度百分比
    */
      0% {
                background: url(image/Pig1.png);
                background-size:100%;
                width:471px;
                height:386px;
            }
        50% {
```

217

```
                background: url(image/Pig2.png);
                background-size:100%;
                width:471px;
                height:386px;
            }
    100% {

                background: url(image/Pig1.png);
                background-size:100%;
                width:471px;
                height:386px;
            }
    }
```

❖ **蝙蝠（bat）**

蝙蝠的部分为了缩短程序代码，简单地将全部蝙蝠分成三个分组，一次对一组蝙蝠进行外观与动画的设置即可。由于三组蝙蝠的设置方式一样，这里仅举蝙蝠 1 的程序代码为例。

外观设计先载入图像 Bat1.png，并执行动画 BatFly1，动画执行总时间设置为 2 秒，也就是在 2 秒内会完成蝙蝠翅膀挥舞的一个动作循环。

```
/* 绘制蝙蝠 1 */
.Bat1{
        position:absolute;
        width:188px;
        height:190px;
        background: url(image/Bat1.png);
        background-size:100%;
        background-repeat:no-repeat;
        left:220%;
        top:500px;/*84%*/
        z-index:3;
        margin:-186px 0 0 -168px;
        -webkit-animation-name:BatFly1;
        -webkit-animation-iteration-count:infinite;
        -webkit-animation-duration:2s;
        -webkit-animation-delay:0s;
    }
```

动画 BatFly1 负责执行蝙蝠翅膀扇动的角色表，所以依次调用图像文件 Bat1、Bat2 和 Bat3 来轮流播放。

```
/* 动画蝙蝠 1 飞 */
```

```
@-webkit-keyframes BatFly1 {
    /*
    %  数为动画的时间轴长度百分比
    */ 0% {
            background: url(image/Bat1.png);
            background-size:100%;
            -webkit-transform: translateX(0px) translateY(0px);
        }

    50% {
            background: url(image/Bat2.png);
            background-size:100%;
            -webkit-transform: translateX(-15px) translateY(-25px);
        }

    75% {
            background: url(image/Bat3.png);
            background-size:100%;
            -webkit-transform: translateX(0px) translateY(0px);
        }

    100% {
            background: url(image/Bat1.png);
            background-size:100%;
            -webkit-transform: translateX(0px) translateY(0px);
        }
    }
```

❖　**云上的猪（FlyPig）**

云上的猪总共有七只（FlyPig1~FlyPig7），其中编号 1~3 由于被设计成"设计经历"的操作按钮，因此云上的猪编号 1~3 需另外加入"闪烁"与"飘浮"的动画。这里仅以 FlyPig1 部分的程序代码进行介绍。

外观设计部分先加载 FlyPig.png 图像，并执行 PigFly1 动画，此动画的执行时间设置为 10 秒，因此"闪烁"与"飘浮"的动画会 10 秒执行一个循环。

```
/* 绘制飞猪 1 */
#FlyPig1{
    background:url(image/FlyPig.png);
    background-repeat:no-repeat;
    background-size:50%;
    width:357px;
```

```
        height:419px;
        position:absolute;
        top:12%;
        left:225%;
        z-index:2;
        -webkit-animation-name:PigFly1;
        -webkit-animation-iteration-count:infinite;
        -webkit-animation-duration:10s;
        -webkit-animation-delay:0s;
    }
```

PigFly1 动画需执行"闪烁"与"飘浮"两种动画，其实分别是通过对透明度（opacity）和位置（transform）两个属性进行改变来实现的。

```
/* 动画猪 1 飞 */
@-webkit-keyframes PigFly1 {
    /*
    % 数为动画的时间轴长度百分比
    */
    0% {
            opacity:0.8;
            -webkit-transform: translateX(0px) translateY(0px);
    }
    50% {
            opacity:1;
            -webkit-transform: translateX(-40px) translateY(-5px);
    }
    75% {
            opacity:0.6;
            -webkit-transform: translateX(-30px) translateY(0px);
    }
    100% {
            opacity:1;
            -webkit-transform: translateX(0px) translateY(0px);
    }
}
```

飞猪上面会加入"网页设计"、"游戏设计"以及"产品设计"等文字，因此在 CSS 中加入对文字排版的设置。

```
/* 绘制飞猪文字排版 */
#FlyPigText{
    position:absolute;
```

```
    top:225px;
    left:10%;
}
```

❖　气球（Balloon）

气球是出现在"作品集"场景中的 3 个链接按钮，并且会加入"飘浮"动画来吸引注意力，因此与飞猪一样的设计方式，这里仅举气球 1 的程序作为范例。

外观设计部分先导入图像 Balloon.png，并设置执行 BalloonFly1 动画，动画时间为 10 秒。

```
#Balloon1{
    background:url(image/Balloon.png);
    background-repeat:no-repeat;
    background-size:100%;
    width:130px;
    height:410px;
    position:absolute;
    top:14%;
    left:350%;
    z-index:2;
    -webkit-animation-name:BalloonFly1;
     -webkit-animation-iteration-count:infinite;
    -webkit-animation-duration:10s;
    -webkit-animation-delay:0s;
}
```

动画 BalloonFly1 部分使用位移（transform）方法来达到"飘浮"的感觉。

```
/* 动画气球 1 飞 */
@-webkit-keyframes BalloonFly1 {
  /*
  % 数为动画的时间轴长度百分比
  */
  0% {
        -webkit-transform: translateX(0px) translateY(0px);
  }

  50% {
        -webkit-transform: translateX(-10px) translateY(-40px);
  }

  75% {
        -webkit-transform: translateX(10px) translateY(-30px);
```

```
        }

        100% {
                -webkit-transform: translateX(px) translateY(0px);
        }
}
```

由于气球上会显示"游戏"、"绘画"和"网页"等文字,因此加入 CSS 文字排版。

```
/* 绘制气球文字排版 */
#BalloonText{
        position:absolute;
        top:50px;
        left:20%;
}
```

❖　小鸟（bird）

小鸟出现在"作品集"的场景中,会以盘旋飞翔的方式展示动画,因此需设置"外观"与"动画"两个部分。

外观部分导入 Bird1.png 图像,接着设置 BirdFly 动画来控制盘旋飞翔,动画时间设置为 10 秒一个循环。

```
/* 绘制小鸟 */
#Bird{
        background-image:url(image/Bird1.png);
        background-size:100%;
        background-repeat: no-repeat;
        width:210px;
        height:175px;
        position:absolute;
        top:10%;
        left:395%;
        z-index:0;
        -webkit-animation-name:BirdFly;
        -webkit-animation-iteration-count:infinite;
        -webkit-animation-duration:10s;
        -webkit-animation-delay:0s;
}
```

BirdFly 动画同时通过小鸟的角色表以及位移（transform）控制盘旋飞翔的效果,由于动作分解较为细腻,因此动画时间轴需要切得比较细,每 10%就绘制一次效果,让动画的连续性能够更好。

```
/* 动画小鸟飞 */
@-webkit-keyframes BirdFly {
    /*
    % 数为动画的时间轴长度百分比
    */
    0% {
        background: url(image/Bird3.png);
        background-size:100%;
        -webkit-transform: translateX(0px) translateY(0px);
}
    10% {
        background: url(image/Bird4.png);
        background-size:100%;
    }
    20% {
        background: url(image/Bird3.png);
        background-size:100%;
    }
    30% {
        background: url(image/Bird4.png);
        background-size:100%;
    }
    40% {
        background: url(image/Bird3.png);
        background-size:100%;
    }
    50% {
        background: url(image/Bird2.png);
        background-size:100%;
        -webkit-transform: translateX(-760px) translateY(-20px);
    }
    60% {
        background: url(image/Bird1.png);
        background-size:100%;
    }
    70% {
        background: url(image/Bird2.png);
        background-size:100%;
    }
    80% {
        background: url(image/Bird1.png);
        background-size:100%;
```

```
        }
    90% {
        background: url(image/Bird2.png);
        background-size:100%;
    }
    100% {
        background: url(image/Bird1.png);
        background-size:100%;
        -webkit-transform: translateX(0px) translateY(0px);
    }
}
```

地面背景设置

其他地面背景，例如：彩虹、草地、地板、栅栏、山洞、恐龙、长颈鹿等元素，同样需要使用 CSS 设置外观。但地面背景的对齐方式采用 "left" 与 "bottom"，这样可以保证无论窗口大小如何改变，地面背景都会从画面的最底部开始排版。

由于地面背景元素的 CSS 属性设置都差不多，仅在尺寸、坐标上需按照画面排版指定数值，这里仅讲解彩虹、草地作为示范，其余部分可自行参考范例文件，内部都有详细的注释说明。

❖ 彩虹（rainbow）

彩虹部分仅需要淡淡的显示，因此设置透明度（opacity）为 0.5，并且导入 bg_Rainbow.png 图像文件。地面背景都以 "left" 与 "bottom" 进行定位排版。

```
#RainBow{
    opacity:0.5;
    position:absolute;
    width:350%;
    height:120%;
    background: url(image/bg_Rainbow.png);
    background-size:100%;
    background-repeat:no-repeat;
    left:0%;
    bottom:-10%;/*84%*/
    z-index:0;
}
```

❖　草地

草地部分除了外观设计，还另外加入了 Grass 动画，以透明度的变化呈现草地随风飘曳变化的感觉。

```
/* 绘制草 1 */
#Grass1 {
    background-image:url(image/fg_Grass.png);
    background-repeat: repeat-x;
    width:502.5%;
    height:10%;
    position:absolute;
    bottom:2%;
    left:-20px;
    z-index:1;
    -webkit-animation-name:Grass1;
    -webkit-animation-iteration-count:infinite;
    -webkit-animation-duration:8s;
    -webkit-animation-delay:0s;
}

/* 动画草 1 */
@-webkit-keyframes Grass1 {
    0% {
        opacity:1;
    }
    50% {
        opacity:0.2;
    }
    100%
    {
        opacity:1;
    }
}
```

标题云与文字内容

标题云和内容是控制各个场景中标题部分的 CSS 属性设置。

❖ 标题云

每个场景都会有一个标题云，因此编号从#Cloud1 到#Cloud5，这里仅以#Cloud1 进行示范。

```
/* 绘制标题云 */
.Cloud{
background:url(image/Cloud.png);
background-size:100%;
width:380px;
height:200px;
}

/* 标题文字排版 */
.title{
line-height:170px;
}

/* 标题云 1 排版 */
#Cloud1{
    position:absolute;
    top:5%;
    left:5%;
}
```

❖ 内容（content）

以 content 的编号从 1 开始编到 4。content1 控制文字"Illustrator"，content2 控制文字"PhotoShop"，content3 控制文字"HTML"；最特殊的是 content4，控制操作方法的提示字符串。

操作方法的提示字符串为了吸引玩家的注意力，会用"闪烁"的动画来显示文字效果，因此 content4 需额外加入动画控制，使用透明度（opacity）的变化来实现闪烁的效果。

```
/* 绘制内容 4 */
#content4{
    position:absolute;
    top:50%;
    left:18%;
    -webkit-animation-name:content4;
    -webkit-animation-iteration-count:infinite;
    -webkit-animation-duration:3s;
    -webkit-animation-delay:0s;
```

```
}

/* 动画内容  4 */
@-webkit-keyframes content4{
    /*
    %  数为动画的时间轴长度百分比
    */
    0% {
        opacity:1;
    }
    50% {
        opacity:0.2;
    }
    100% {
        opacity:1;
    }
}
```

10.4　制作场景对象动画事件

完成所有游戏元素的布局（HTML）与外观（CSS）之后，接着要通过 JavaScript 语句来进行"视差滚动"与"触发动画"的控制。

视差滚动

"视差滚动"指的是物体在移动中，景色会按照远近的不同而呈现不同的滚动速度，离玩家越远的景色滚动会越慢，越近则滚动越快。

从图像来解释这个现象，可帮助大家理解这个原理，首先看到"远景"的图像"bg_Rainbow"，宽度尺寸为 3546，游戏内容是在这个宽度范围内进行布置的。如图 10-9 所示。

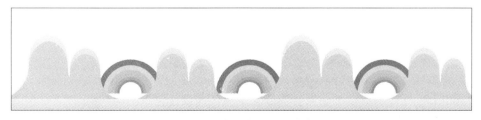

图 10-9　游戏中的远景图像

接着看到属于"近景"的草地"fg_Grass"、地板"Floor"等图像，宽度尺寸竟然达到

5000 以上，明明背景图宽度仅需要 3456，为何草地和地板要超出那么多呢？这就是为了配合"视差滚动"这个特色。如图 10-10 所示。

图 10-10　游戏中的近景图像

"视差滚动"的呈现方式，也就是当玩家控制的角色每前进一步，出现在浏览器显示范围的"远景"图像就往右移动 50 pixcels；而"近景"图像则需要往右移动 200 pixcels。从这样的设置就可以发现，玩家每走一步，近景的图像就会被消耗比较多，因此需要准备比远景更长的图像宽度，才不会让近景的图像提早被消耗完。

根据这样的设计概念，我们会使用 jQuery 的 .css() 来移动背景图像的位置（background-position），呈现出视差滚动的效果。请打开范例程序的"ch10.html"文件，移到下方 JavaScript 的部分观察"视差滚动"的具体实现。

❖　**变量声明**

声明三个变量，分别代表远景、近景每次位移的距离，单位为像素。Strength1 代表背景和彩虹的位移，strength2 代表草地的位移，strength3 代表地板的位移。

```
// 设置视差滚动速度差
var strength1 =50;
var strength2 =200;
var strength3 =500;
```

使用$(window).width()和$(window).height()指令获取窗口的宽度和高度，用以计算屏幕的长宽比例(Screen)，并声明变量 currentScroll 用来记录当前水平轴滚动到的位置。

```
// 获取窗口宽度和高度
var ScreenWidth = $(window).width();
var ScreenHeight = $(window).height();
// 获取窗口长宽比
var Screen = ScreenWidth / ScreenHeight;
// 水平轴
var currentScroll;
```

❖　**滚动条滚动**

当滚动条滚动时，执行 $(window).scroll(function()) 自定义方法的内容。首先使用$(this).scrollLeft()指令获取水平轴当前的位置坐标，并设计背景滚动（pageX）公式和滚动方向(newvalueX)公式。

```
// 获取水平轴位置
currentScroll = $(this).scrollLeft();
```

```
// 当前水平轴位置 - ( 当前窗口宽度 / 2) = 背景滚动值
var pageX = currentScroll -($(window).width()/2);
//1 * 背景滚动值 * 1(1 由前向后, -1 由后向前 ) = 滚动方向
var newvalueX =1* pageX *1;
```

接着使用 CSS 的 background-position 背景位置值，代入背景滚动公式来决定背景（bg）、彩虹（rainbow）、草地（grass）和地板（floor）每次所要移动的距离，产生视差滚动的效果。

```
$('.bg').css("background-position",(strength1 / $(window).width()*
        newvalueX *-1)+"px "+"0px");
$('#RainBow').css("background-repeat","no-repeat");
$('#RainBow').css("background-position",(strength1 / $(window).width()*
        newvalueX *-1)+"px "+"0px");
$('#Grass1').css("background-position",(strength2 / $(window).width()*
        newvalueX *-1)+"px "+"0px");
$('#Grass2').css("background-position",(strength2 / $(window).width()*
        newvalueX *-1)+"px "+"0px");
$('#Floor2').css("background-position",(strength3 / $(window).width()*
        newvalueX *-1)+"px "+"0px");
```

最后判断用户当前使用的屏幕比例是否为"宽屏幕"，若长宽比超过 1.7 时，代表屏幕比原本我们所预想的宽度还宽，因此必须拉长背景图像的宽度，才不会出现背景提早滚动结束的 bug。

```
// 当长宽比是宽屏幕 1.7 比时
if(Screen >1.7)
{
    // 调整背景宽度
    $('#bg').css("width","506%");
    $('#Floor2').css("width","506%");
    $('#Grass1').css("width","502%");
    $('#Grass2').css("width","502%");
}
```

触发动画

"触发动画"指的是角色移动到某些位置才会启动的动画，例如猪的跳跃和蝙蝠的飞出效果。当用户控制滚动条轴时，可使用 $(window).scroll() 来检测其动作；$(this).scrollLeft() 则可以获取水平轴当前滚动的位置，以此滚动位置来判断触发点是否达到，进而做出相应的动作。

❖ **变量声明**

声明五个触发点分别代表不同的动作触发时机，触发坐标的计算方式采用屏幕宽度比例来计算，才会在使用一般屏幕和宽屏幕的情况下，出现一致的触发时机。各个触发点的所代表的触发动作请参考下表 10-9。

表 10-9　触发点及其执行动作

触发点	执行动作
ActionPoint1	野猪第一次跳跃
ActionPoint2	蝙蝠飞出
ActionPoint3	野猪第二次跳跃
ActionPoint4	邮件图标触发起点
ActionPoint5	邮件图标触发终点

触发点声明内容请参考下列程序：

```
// 当前窗口宽度 / 7 = 第一个触发点
var ActionPoint1 = ScreenWidth /7;
// 当前窗口宽度 / 1.25 = 第二个触发点
var ActionPoint2 = ScreenWidth /1.25;
// 当前窗口宽度 / 0.315 = 第三个触发点
var ActionPoint3 = ScreenWidth /0.315;
// 当前窗口宽度 / 0.25 = 第四个触发点
var ActionPoint4 = ScreenWidth /0.25;
// 当前窗口宽度 / 0.19 = 第五个触发点
var ActionPoint5 = ScreenWidth /0.19;
```

接着声明其余变量。变量 JumpUp 规定猪跳跃的最高点，变量 JumpDown 规定猪降落的最低点，变量 previousScroll 用来记录滚动条移动前的原坐标，变量 timer 用来计时，每隔一段时间就执行一次原始人与野猪的移动动画，变量 PigJump 用来记录猪的总跳跃次数。

```
// 当前窗口高度 / 2.50 = 跳跃起跳最高点高度
var JumpUp = ScreenHeight /2.50;
//当前窗口高度 / 1.25 = 跳跃降落最低点高度
var JumpDown = ScreenHeight /1.25;
//之前的水平滚动条位置
var previousScroll  =0;
//时间计时
var timer;
//猪跳跃状态
var PigJump =0;
```

❖ **滚动条滚动**

当检测到滚动条滚动时，执行$(window).scroll(function(){})方法。首先需要再声明一次触发点与猪跳跃高度，并获取当前水平轴位置（currentScroll），播放猪走路的动画。

```
// 获取窗口宽度跟高度
    ScreenWidth = $(window).width();
    ScreenHeight = $(window).height();
// 再度声明触发点与跳跃高度
    ActionPoint1 = ScreenWidth /7;
    ActionPoint2 = ScreenWidth /1.25;
    ActionPoint3 = ScreenWidth /0.315;
    ActionPoint4 = ScreenWidth /0.25;
    ActionPoint5 = ScreenWidth /0.19;
//猪跳跃最高点与降落最低点
    JumpUp = ScreenHeight /3.31;
    JumpDown =0;
// 获取水平轴位置
    currentScroll = $(this).scrollLeft();
// 播放猪走路动画
    $("#Pig").css('webkitAnimationName','PigWalk');
```

● 原始人走路动画

接着检测水平轴，若是向右滚动(currentScroll > previousScroll)，则播放人物向右走的动画，并且每隔250毫秒就执行一次"角色动画暂停"的函数 idel()。

```
if(currentScroll > previousScroll)
    {
        // 人物向右走
        $("#Player").css('webkitAnimationName','RWalk');

        // 只要每过完 250 毫秒就执行 funtion idel
        clearTimeout(timer);
        timer = setTimeout(idel ,250);
    }
```

同理，若检测到水平轴是向左滚动(currentScroll < previousScroll)，则播放人物向左走的动画。

```
elseif(currentScroll < previousScroll)
    {
        // 人物向右走
        $("#Player").css('webkitAnimationName','LWalk');
```

```
        // 只要每过完 250 毫秒就执行 funtion idel
        clearTimeout(timer);
        timer = setTimeout(idel ,250);
}
```

- 第一触发点

检测当前水平轴的位置，若经过第一个触发点（currentScroll > ActionPoint1），且猪还没有跳过任何一次（PigJump == 0），则执行猪跳跃的动画，并将猪跳跃的次数设为1。

```
if(currentScroll > ActionPoint1)
{
    // 判断猪是否跳跃过第一次
    if(PigJump ==0)
    {
        // 队列动画实现跳跃一次
        $("#Pig").animate({bottom:"250px"});
        $("#Pig").animate({bottom:"0px"});
        PigJump =1;
    }
}
```

检测当前水平轴位置，若在第一个触发点（currentScroll < ActionPoint1）之前，代表猪还不需要计算跳跃次数，将猪的跳跃次数设为0。

```
elseif(currentScroll < ActionPoint1)
{
    // 把猪的跳跃状态恢复为 0
    PigJump =0;
}
```

- 第二触发点

检测当前水平轴位置，若抵达第二触发点，则执行蝙蝠飞出的动画。

```
if(currentScroll >= ActionPoint2)
{
    // 同时飞出蝙蝠
    $("#Bat1").animate({top:"40%", left:"140%"}, 3500);
    $("#Bat2").animate({top:"40%", left:"155%"}, 3500);
    $("#Bat3").animate({top:"40%",left:"170%"},4000);
    $("#Bat4").animate({top:"40%",left:"185%"},5000);
    $("#Bat5").animate({top:"57%",left:"140%"},3500);
```

```
        $("#Bat6").animate({top:"57%",left:"155%"},4000);
        $("#Bat7").animate({top:"57%",left:"170%"},5000);
        $("#Bat8").animate({top:"75%",left:"140%"},3500);
        $("#Bat9").animate({top:"75%",left:"155%"},4000);
        $("#Bat10").animate({top:"75%",left:"170%"},5000);
    }
```

● 第三触发点

若抵达第三触发点，首先判断猪是否已经跳过 1 次，若是的话，则执行第 2 次的猪跳跃动画，并将猪的跳跃次数（PigJump）设置为 2。

```
if(currentScroll > ActionPoint3)
{
    // 判断猪是否跳跃过第二次
    if(PigJump ==1)
    {
        // 队列动画实现跳跃一次
        $("#Pig").animate({bottom:JumpUp});
        $("#Pig").animate({bottom:JumpDown});
        PigJump =2;
    }
}
```

若水平轴位置在第一触发点和第三触发点之间，猪的跳跃次数理应维持在 1 次，因此将猪的跳跃状态设置为 1。

```
elseif(currentScroll < ActionPoint3 && currentScroll > ActionPoint1)
{
    // 把猪的跳跃状态恢复为 1
    PigJump =1;
}
```

● 第四与第五触发点

当坐标在第四与第五触发点之间，执行 mail 对话框出现的动画。

```
if(currentScroll > ActionPoint4 && currentScroll < ActionPoint5)
{
    $("#Speak").animate({height:"150px"},2000);
}
```

● 结束滚动函数

最后将当前的坐标值（currentScroll）指定为旧位置（previousScroll），结束这次滚动函数的执行。

```
    // 把当前水平轴滚动位置赋值给之前的水平轴滚动位置
    previousScroll = currentScroll;
});
```

❖ **动画停止函数**

当滚动条没有滚动的时候，必须停止原始人与野猪的走路动画，因此设计自定义函数 idel()
来取消动画播放。

```
var idel =function()
{
    // 玩家动画取消播放
    $("#Player").css('webkitAnimationName','');

    // 猪动画取消播放
    $("#Pig").css('webkitAnimationName','');
};
```

至此为止，已经完成了本范例中关于 HTML、CSS 与 JavaScript 的设计，可见一个大型
的游戏必须通过这三项技术的整合；另外这个范例也表达出通过创意巧思，也能将枯燥无聊
的履历网站转变成让人耳目一新的"趣味式互动履历"。

第 11 章
认识 HTML5 游戏引擎

从第 10 章的游戏式履历中，我们发现要设计开发一个功能完备的游戏实在不是一件简单的事情。为了缩短游戏开发的复杂性，市面上推出了多个开源且免费的 HTML5 游戏引擎，这些游戏引擎内建多种游戏经常使用到的函数，例如碰撞、键盘控制、物理现象仿真等，大幅缩短了游戏开发的时间。接下来要带大家快速浏览几个当前比较"火"的 HTML5 游戏引擎，看看游戏引擎所扮演的角色。

在本章中将学到的重点内容包括：

- GameQuery 引用与 API 函数速览
- Quintus 引用与范例程序说明
- melonjs 引用与范例程序说明
- LimeJS 安装与范例程序说明
- Cocos2D 引用与范例程序说明

11.1 gameQuery

有没有觉得 gameQuery 这个名称看起来十分眼熟呢？没错，gameQuery 就是 jQuery 家族的一个分支，是基于 jQuery 所开发的游戏引擎。但这里要特别提醒大家，游戏引擎和游戏并不能画上等号的，游戏引擎简单来说其实就如同 jQuery 一样是个函数库，而既然叫作"游戏引擎"了，就代表函数库里面准备的函数全是为了游戏开发而生的。因此我们可以利用 gameQuery 函数库的函数简单地实现游戏中常常会碰到的事件，例如碰撞、键盘检测等等。

第一次接触 gameQuery

由于 gameQuery 是基于 jQuery 所开发的游戏引擎，因此只要懂得 JavaScript 语言，再加上前面章节所学过的 jQuery 基础知识，第一次接触 gameQuery 内容时应该不会感到太陌生了。对许多游戏开发人员而言，GameQuery 是个易于使用的游戏引擎，通过对这些 API 的应用可以快速地开发 JavaScript 游戏。

还记得在 jQuery 的章节中，我们可以应用 jQuery 函数直接对 CSS 和 HTML 进行操控，而且即使碰到不同浏览器必须使用不同指令的情况，在 jQuery 下也仅需要下达一种指令就能达到完全控制。游戏引擎 gameQuery 传承了 jQuery 强大的兼容性，在 Firefox、Chrome、Internet Explorer、Safari 和 Opera 等浏览器上都能顺利地执行。

❖ **官方资源**

若要学习 gameQuery 的 API 内容，可以直接前往 gameQuery 的官网（http://gamequeryjs.com/），如图 11-1 所示。不但可以下载 gameQuery 函数库，其中还有许多文件说明以及游戏范例可以浏览和参考，对于自学者而言非常方便。

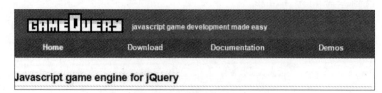

图 11-1 gameQuery 的官网

❖ **引用 gameQuery 函数库**

在官网的"Download"页面中，可以浏览各个版本的 gameQuery 函数库。函数库所占的存储空间大概 80k 左右，属于非常轻量的游戏引擎，下载的文件为 JavaSciprt 文件，与 jQuery 函数库一样，需在 HTML 中通过<script>从外部进行引用，当然也提供在线引用的方式，这样更节省存储空间，引用语句如下：

```
<script type="text/javascript" src="http://cdn.gamequeryjs.com/ jquery.gamequery.js">
</script>
```

快速浏览 gameQuery 函数

从 gameQuery 函数库中提供的方法，大致可分为动画（Animation）、游戏元素（Game Element）、维度控制（Dimension）、转换（Transformation）、主循环（Main loop）。

控制（Control）、音效（Sound）和碰撞（Collision），善于应用这些 API 将大幅降低游戏开发的难度。例如官方所提供的太空射击游戏或是格斗天王等范例，都用极少的程序代码就能完成游戏的开发。如图 11-2 所示。

图 11-2　格斗天王和太空射击的范例

以下我们就对部分 API 进行快速地浏览，让我们看看 gameQuery 能够帮助游戏开发做到哪些事情。

❖　Playground（目标 div,options）

这个函数可以定义一个<div>标签下用于游戏显示的空间，类似画布（canvas）一样，整个游戏都会在这个<div>标签中执行，所有被 gameQuery 加入 DOM 里的对象都会被加到这个元素中。提供的参数包括：

- Height（高度）
- Width（宽度）
- Refreshrate（画面更新频率）

范例指令如下：

```
$().playground("#someId",{widht:500, refreshRate: 60});
```

❖　Animations()

动画 API 可以执行角色表（script）的功能，在之前我们使用角色表（script）的做法，是利用动画指令快速地切换不同的图像。范例指令如下：

```
var myAnimation = new $.gQ.Animation({ imageURL: "./myAnimation. png",
    numberOfFrame: 10,
    delta: 60,
    rate: 90,
    type: $.gQ.ANIMATION_VERTICAL | $.gQ.ANIMATION_ONCE});
```

假设有一张角色表，如图 11-3 所示，这张角色表是将角色的每一个分解动作组合成一张连续图像，gameQuery 提供的 Animation API 可以解析记录在同一个文件中的角色表（script），也就是只要输入图像文件的 url、显示范围、切换速度、执行方式等信息，就可以自动连续轮流播放每一个分解动作。

图 11-3　角色表

❖　addSprite(name,options)

此函数可以将 sprite(角色表)对象加入到 playground、group 或是其他 sprite 里，而这个 sprite 会等函数 startGame()开始执行后才会显示出来。可用的参数包括：

- animation（输入一个 sprite 对象）
- height（高度）
- width（宽度）
- posx（x 轴位置）
- posy（y 轴位置）
- callback（当 sprite 对象执行完毕则接着执行 callback 函数的内容）

范例指令如下：

```
$(document).playground().addSprite("sprite1",{animation: myAnimation});
```

❖　setAnimation(animation, callback)

此函数可以改变 sprite 中的动画效果，每当动画执行过一次，将会执行 callback 函数的内容。可用的参数包括：

- animation（欲改变的 animation 名称）
- callback（动画执行后接着执行的函数内容）

❖　startGame(function)

此函数会将所有游戏需要的资源通通加载完毕后，才开始执行程序代码。适用于按下"游戏开始"按钮后开始执行游戏内容。范例程序如下：

```
$("#startbutton").click(function(){
    $().playground().startGame(function(){
        $("#welcomeScreen").remove();
    });
})
```

❖　collision(filter)

此方法可以检测碰撞事件的发生，与 filter 内所指定的元素发生碰撞时，会执行对应的动作。范例程序如下，此指令出自太空射击游戏，当船体（spaceship）与导弹（missile）发生碰撞时，执行扣除生命（killspaceship）函数，并让导弹消失。

```
$("#spaceship").collision("#missile").each(function(){
    killspaceship();
    explodemissil(this);
});
```

11.2　Quintus

Quintus 同样是属于 HTML5 下的游戏引擎，使用 JavaScript 语句进行控制。Quintus 最大的特色是拥有"继承"的特性。当我们下载 Quintus 游戏引擎的时候，里面已经内建好一系列游戏会使用到的基本模块（例如角色模块、2D 模块等），只要直接继承这些模块，就能快速实现游戏里面需要的功能。

第一次接触 Quintus

❖　官方资源

若要学习 Quintus 的使用方式，可以连到官网（http://www.html5quintus.com/）中，从文件或网上论坛去学习 Quintus 的使用。从官方网站的"GITHUB"链接中进入下载页面，在下载页面中可以看到一大堆的文件，请把这些全部都下载下来。如图 11-4 所示。

图 11-4　Quintus 官网

先前提过到，Quintus 已经建立好了许多基本模块，这些模块被存储在"lib"文件夹下，每个 js 文件就是一个独立的模块功能。以下对 Quintus 各模块的功能进行介绍：

- quintus.js：Quintus 的核心模块，主要定义了 Quintus 游戏引擎的架构。
- quintus_input.js：定义了用户从键盘或触控屏幕的输入操作。
- quintus_sprites.js：定义了角色相关的基本模块。
- quintus_scenes.js：定义了场景相关的模块。
- quintus_anim.js：定义了支持动画功能的相关模块。

❖ 引用 Quintus

由于 Quintus 源于 JavaScript 语言，所以必须在 HTML 文件中使用<script>标签从外部引用 Quintus 模块。在实际应用时，必须把整个 Quintus 的 lib 文件夹放置在与 HTML 文件的同一个文件夹中，并通过以下指令引用：

```
<script src="~/Scripts/Quintus/lib/quintus.js"></script>
<script src="~/Scripts/Quintus/lib/quintus_sprites.js"></script>
<script src="~/Scripts/Quintus/lib/quintus_scenes.js"></script>
<script src="~/Scripts/Quintus/lib/quintus_2d.js"></script>
<script src="~/Scripts/Quintus/lib/quintus_touch.js"></script>
<script src="~/Scripts/Quintus/lib/quintus_ui.js"></script>
<script src="~/Scripts/Quintus/lib/quintus_anim.js"></script>
<script src="~/Scripts/Quintus/lib/quintus_input.js"></script>
```

范例快速浏览

在学习这些开源的游戏引擎时，最好的方式就是通过官方网站提供的简单范例开始入手，从基本方法的调用开始学起，这也是成为一个游戏开发人员的基础条件，毕竟要跟上不断推陈出新的游戏开发技术，唯一的途径就是去阅读技术文档，以及善用官方资源。

❖ 2D 滚动条游戏

官方提供的第一个范例，是类似于玛利兄弟的一款 2D 横向滚动条闯关游戏。玩家可以使用键盘控制角色的左右移动与跳跃，并且可以使用跳跃踩死敌人；游戏胜利的条件是碰触到画面中的高塔，被敌人撞到的时候则游戏失败。如图 11-5 所示。

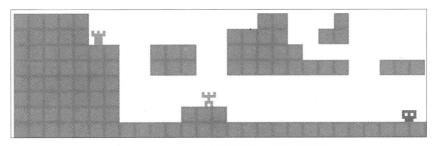

图 11-5 Quintus 官网提供的一个游戏范例

要完成这样的游戏架构，需要耗费多少资源呢？Quintus 官方明确地告诉我们，只要使用 80 行左右的程序内容就可以完成上述的游戏功能，也太神奇了吧！接着就让我们跟着官方的介绍，快速地浏览一下 Quintus 创建游戏的方式。

❖ 引用 Quintus 函数库

在文件的开始需先建立与 Quintus 函数库的链接。

```
<head>
    <script src="~/Scripts/Quintus/lib/quintus.js"></script>
    <script src="~/Scripts/Quintus/lib/quintus_sprites.js"></script>
    <script src="~/Scripts/Quintus/lib/quintus_scenes.js"></script>
    <script src="~/Scripts/Quintus/lib/quintus_2d.js"></script>
    <script src="~/Scripts/Quintus/lib/quintus_touch.js"></script>
    <script src="~/Scripts/Quintus/lib/quintus_ui.js"></script>
    <script src="~/Scripts/Quintus/lib/quintus_anim.js"></script>
    <script src="~/Scripts/Quintus/lib/quintus_input.js"></script>
</head>
```

❖ 建立 Quintus 游戏引擎

声明变量 Q 为 Quintus 游戏引擎，使用 include 导入本游戏将会用到的模块；setup()方法用于建立游戏画面；controls 用于建立键盘控制事件；touch 用于建立触碰事件。

```
<script>
var Q = Quintus()
    .include("Sprites, Scenes, Input, 2D, Touch, UI")
    .setup()
    .controls()
    .touch();
    /*
    ... 游戏程序内容 ...
    */
</script>
```

❖ **建立游戏角色**

声明变量 Q 为游戏引擎后，接下来要使用游戏引擎内的方法时都要以"Q"作为开头。Q.Sprite.extend() 为建立角色的方法；function(collision) 用来写入碰撞事件，使用 collision.obj.isA() 检测碰撞的对象；Q.stageScene 可建立关卡画面，用来提示游戏结束的状态；最后通过 destroy() 方法释放此角色所占用的内存空间。

```
Q.Sprite.extend("Player",{
    init: function(p) {
      this._super(p, {
      sheet: "player", // 建立角色表
      x: 410,
      y: 90
    });
    // 预载模块加快运行速度
    this.add('2d, platformerControls');
    // 写入碰撞事件
    this.on("hit.sprite",function(collision) {
    // 与高塔发生碰撞，则赢得游戏
    if(collision.obj.isA("Tower")) {
      // 获胜时出现对话窗口
      Q.stageScene("endGame",1, { label: "You Won!" });
      // 释放内存空间
      this.destroy();
     }
   });
  }
});
```

❖ **建立游戏敌人**

使用 Q.Sprite.extend() 方法建立敌人这个角色，加入 aiBounce 模块会让怪物自动左右移动；使用 function(collision) 检测与游戏主角的碰撞，如果碰撞点发生在怪物的左（bump.left）、右（bump.right）、下方（bump.bottom）时，游戏失败；另外检测碰撞点如果发生在敌人的上方（bump.top），代表怪物被踩到，则让怪物消失。

```
Q.Sprite.extend("Enemy",{
   init: function(p) {
     this._super(p, { sheet: 'enemy', vx: 100 });
     // 加入 aiBounce 让怪物会自动左右移动
     this.add('2d, aiBounce');
     // 检测碰撞到怪物的左、右、下时，游戏失败
```

```
    this.on("bump.left,bump.right,bump.bottom",function(collision) {
      if(collision.obj.isA("Player")) {
        Q.stageScene("endGame",1, { label: "You Died" });
        collision.obj.destroy();
      }
    });
    // 碰撞到怪物的上方时，怪物消失
    this.on("bump.top",function(collision) {
      if(collision.obj.isA("Player")) {
      this.destroy();
      collision.obj.p.vy = -300;
      }
    });
  }
});
```

❖　**建立游戏关卡**

使用 Q.scene()方法建立游戏关卡。首先用 stage.collisionLayer()载入地图信息，接着以 stage.insert()建立角色、怪物和高塔。

```
// 建立名为 level1 的游戏关卡
Q.scene("level1",function(stage) {

  // 加入地图信息
  stage.collisionLayer(new Q.TileLayer({
                      dataAsset: 'level.json',
                      sheet: 'tiles' }));
  // 建立游戏主角
  var player = stage.insert(new Q.Player());

  // 游戏画面视角需跟着游戏主角移动
  stage.add("viewport").follow(player);

  // 建立两个怪物
  stage.insert(new Q.Enemy({ x: 700, y: 0 }));
  stage.insert(new Q.Enemy({ x: 800, y: 0 }));

  // 建立高塔
  stage.insert(new Q.Tower({ x: 180, y: 50 }));
});
```

❖ **建立游戏结束画面**

使用 Q.scene()建立游戏结束的画面，此结束画面需要与玩家互动的功能，因此声明一个 container 加载 ui 模块，并包含 button 和 label 两个组件。设置当 button 被按下时，结束关卡（Q.clearStages()），并重新建立游戏画面。

```
Q.scene('endGame',function(stage) {
    // 声明一个对话窗口 (ui 接口 )
    var container = stage.insert(new Q.UI.Container({
        x: Q.width/2, y: Q.height/2, fill: "rgba(0,0,0,0.5)"
    }));
    // 此 ui 界面包含 button 和 label
    var button = container.insert(new Q.UI.Button({ x: 0, y: 0,
                                          fill: "#CCCCCC",
                                          label: "Play Again" }))
    var label = container.insert(new Q.UI.Text({x:10, y:-10 - button.p.h,
                                    label: stage.options.label }));
    // 当按钮被按下时结束游戏，并从 level1 关卡开始
button.on("click",function() {
        Q.clearStages();
        Q.stageScene('level1');
    });
    container.fit(20);
});
```

❖ **载入游戏资源**

使用 Q.load()加载游戏所需的图像、文字等信息，加载完成后再建立游戏关卡 Q.stageScene()。

```
//加载游戏所需要的外部资源
Q.load("sprites.png, sprites.json, level.json, tiles.png",
    function() {
    // 建立地图信息
    Q.sheet("tiles","tiles.png", { tilew: 32, tileh: 32 });

    // 从 json 中定义角色图片
    Q.compileSheets("sprites.png","sprites.json");

    // 资源加载后建立关卡
    Q.stageScene("level1");
});
```

完成整个 Quintus 游戏制作后，我们已经对 Quintus 的模块继承与 API 调用有了基本的认识。从中也可以感受到许多 API 真的是专门为了游戏设计而生的，例如游戏关卡建立（stageScene）、碰撞（collision）等，还有更方便的模块，例如位移人工智能（aiBounce），帮助开发者节省了许多游戏开发的时间。

11.3　Melonjs

在众多轻量级游戏引擎中，melonjs 也是一个开源且使用简单的游戏引擎，虽然当前仍处于发展阶段，但是已经被应用于开发许多质感不错的游戏。例如可以将知名的 Flappy Bird 游戏进行移植而使用 Melonjs 进行这样的移植开发，或是视角由上往下观看的 2D 射击游戏等。如图 11-6 所示。

图 11-6　使用 Melonjs 游戏引擎移植或者开发的游戏

第一次接触 Melonjs

❖　**官方资源**

连上 melonjs 的官方网站（http://melonjs.org/index.html），可以从"BLOG"分页中浏览 melonjs 各版本的内容以及更新状态；在"GALLERY"里提供了多种使用 melonjs 引擎所编写的程序，除了在网页版本上有精彩的表现外，许多游戏甚至已经在 Google play、App store、Amazon 中上架发布了，可见 melonjs 在跨平台上的杰出表现。menlonJS 官网如图 11-7 所示。

图 11-7　menlonJS 官网

单击官方网页的"DOWNLOAD"分页，可以看到表格中所提供的各种下载资源。如图 11-8 所示。

Current Release: 2.0.2	
Source	Github repository (zip)
Build	Production (168KB, Minified) Development (772KB, Uncompressed)
Documentation	Online documentation (zip)
Tutorial	A quick step by step game creation tutorial
Tools	Tiled Map Editor

图 11-8　menlonJS 官网提供的各种下载资源

- “source” 链接中包含 Melonjs 所有文件、函数库与范例，建议新接触的开发人员可以下载这个文件，并从 “example” 文件夹中浏览 Melonjs 提供的程序范例，进一步熟悉 Melonjs 的使用。
- “Build” 链接中可直接下载最新版的 Melonjs 函数库，Production 版本是已经压缩过的函数库，可以直接附在游戏文件中，Development 版本则是未压缩的函数库，可供开发人员浏览与自由应用于游戏开发的过程。
- “Documentation” 链接提供 Melonjs 的开发文件，从中将逐步引导新接触的开发人员认识并开始使用 Melonjs 引擎。
- “Tutorial” 提供了一个简易的游戏范例，带领开发人员按步骤建立第一个 Melonjs 游戏。
- “Tools” 链接则连往另一个能够与 Melonjs 引擎配合的软件 “Tiled map editor”，此软件为 2D 地图编辑器，采用磁砖拼贴的概念帮助游戏人员轻松设计出游戏场景。

❖ 引用 Melonjs

步骤 01 下载 Source

既然想要快速地认识 melonjs 的功能，就从“DOWNLOAD”分页，将整个官方提供的“Source”通过 zip 的压缩方式下载下来，然后解压缩，也可以从本书下载文件的“范例\ch11\ch11-3”文件夹中找到“melonjs”范例文件夹。

步骤 02 下载 Build

第二步需要从官网中下载 melonjs 函数库，也就是在“DOWNLOAD”分页中的“Build”链接中选择“Development”，如图 11-9 所示，下载后请先建立一个名为“build”的文件夹，并将 melonjs 函数库(JS 文件)放进去，也可以直接从本书下载文件中“\范例\ch11\ch11-3”找到“build”文件夹。

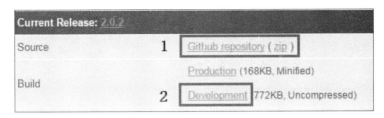

图 11-9　下载 menlonjs 函数库

步骤 03　将 Build 文件夹移入 melonjs 文件夹

接下来请将上一步建立的 build 文件夹（请再确认 melonjs 函数库已经放进 build 文件夹中），整个移到 melonjs 范例文件夹内，如此一来 melonjs 范例才可以正常地引用 melonjs 函数库。

步骤 04　加入服务器环境

最后将完整的 melonjs 范例文件夹复制到 AppServ 路径下，因为 melonjs 需要在服务器环境才可以正常运行。若您先前安装 AppServ 时按照默认的安装路径，则将

melonjs 范例文件夹整个复制到 "C:\AppServ\www\" 下。

范例快速浏览

建立好 melonjs 范例文件夹后，就可以通过 localhost 本地服务器浏览 melonjs 官方所提供的范例。melonjs 范例文件被存放在 "examples" 文件夹下，提供了多种情况的示范，例如碰撞（collision_test）、文字（font_test）、粒子系统（particles）和打地鼠游戏（whack-a-mole）等。若正确地将 melonjs 范例文件夹复制到 AppServ 下，就可以通过以下链接启动范例程序的选择窗口：

http://localhost:8080/melonjs/examples/

接下来就举粒子系统（particles）和地图加载（tiled_example_loader）例子来看看 melonjs 的程序构建方式。

❖　**粒子系统**（particles）

粒子系统可以说是 melonjs 游戏引擎中最亮眼的一个函数库，其模拟了各种情况的粒子喷发现象，例如火花（fire）、烟雾（smoke）、下雨（Rain）等效果，如图 11-10 所示。从范例中的下拉式选单中，可以预览各种粒子特效，在示范窗口中使用鼠标左键拖曳蓝色半透明的区块，可以改变粒子喷发的方向。想象一下，若直接在游戏中引用这些特效，不就可以让像太空射击这类游戏充满酷炫的视觉效果吗？

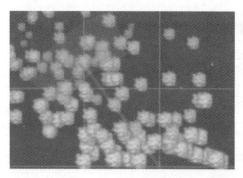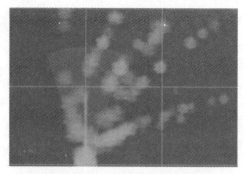

图 11-10　火花效果(左)和烟雾效果(右)

从范例画面的右侧可以直接调整粒子系统的参数，读者可以试着调整"emitter"和"particle path"两个参数字段下的内容，观察粒子与各个参数间的关联。如图 11-11 所示。

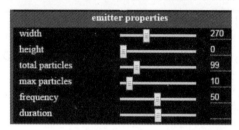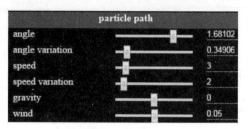

图 11-11　粒子系统的可以调整的参数：emitter 和 particle path

从范例画面的左侧可以直接看到程序代码内容，调整右侧的参数时也会连带着更新程序内的参数数值，因此在实际开发游戏时，可以在这里尝试出自己喜欢的效果，再将程序代码运用到自己的游戏文件中，非常方便。

```
Smoke source code
var x = me.game.viewport.getWidth() / 2;
var y = me.game.viewport.getHeight() / 2;
var image = me.loader.getImage('smoke');
var emitter = new me.ParticleEmitter(x, y, {
    image: image,
    width: 270,
    totalParticles: 99,
    angle: 1.68102764797349,
    angleVariation: 0.3490658503988659,
    minLife: 1400,
    speed: 3, speedVariation: 2,
    wind: 0.05,
    frequency: 50
});
emitter.name = 'smoke';
emitter.z = 21;
```

```
me.game.world.addChild(emitter);
me.game.world.addChild(emitter.container);
emitter.streamParticles();
```

❖　地图载入（tiled_example_loader）

除了好玩的粒子系统外，melonjs 游戏引擎的另一个亮眼特色就是内建 Tiled Map Loader 函数，可以直接解析"Tile map editor"2D 地图编辑器所生成的文件，使得"Tile map editor"就像是 melonjs 的扩展程序一样，轻松解决开发游戏地图以及导入程序的问题。

执行地图载入范例后，可以看到画面中出现村庄的地图，通过右下角下拉菜单的切换，可以加载不同的游戏场景。这样的功能使得建立大型角色扮演游戏的地图场景切换变得很容易。如图 11-12 所示。

 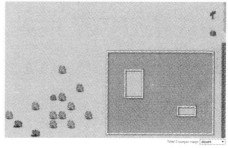

图 11-12　游戏地图编辑器生成的游戏地图

从 tiled_example_loader 范例的程序文件中，看看这个范例到底做了什么事情。首先在"data"文件夹中，看到了许多扩展名为"tmx"的文件，这些文件就是使用 2D 地图编辑器所生成的含有地图信息的文件，查看一下这些 tmx 文件的名称，包括 village、sewers、desert 等，是不是跟范例中使用下拉式选单切换的地图名称一样呢？这些文件如图 11-13 所示。

village.tmx	2015/1/19 下午 0...	TMX 文件
sewers.tmx	2015/1/19 下午 0...	TMX 文件
perspective_walls.tmx	2015/1/19 下午 0...	TMX 文件
isometric_grass_and_water.tmx	2015/1/19 下午 0...	TMX 文件
desert.tmx	2015/1/19 下午 0...	TMX 文件
cute.tmx	2015/1/19 下午 0...	TMX 文件

图 11-13　游戏地图编辑器生成的游戏地图文件

从"js"文件夹下的"main.js"文件，可以观察 melonjs 执行地图切换的方式。使用 switch 判断当前下拉菜单选中了哪张地图，使用 levelDirector. loadLevel()方法加载所选地图。

```
changelevel: function() {
    var level_id = document.getElementById("level_name").value;

    switch (level_id) {
        case "1":
```

```
            level = "village";
            break;
        case "2":
            level = "desert";
            break;
        case "3":
            level = "sewers";
            break;
        case "4":
            level = "cute";
            break;
        case "5":
            level = "isometric";
            break;
        case "6":
            level = "perspective";
            break;
        default:
            return;
    };
    // load the new level
    me.levelDirector.loadLevel(level);
}
```

看完粒子系统和地图加载两个范例，是不是在脑海中开始构想出一些游戏设计的蓝图呢？若想学习更多 melonjs 游戏引擎的 API，可以从其他范例中一一去深入了解，也可以跟着官方网站 "DOWNLOAD" 分页的 "Tutorial" 介绍，建立属于你的第一个 melonjs 游戏！

11.4　LimeJS

LimeJS 是基于知名工具 Google Closure Tools 架构进行开发的，因此继承了该工具的优秀特性，例如整洁的架构、易读的代码等，并附有项目管理工具。因此使用 LimeJS 游戏引擎除了可以进行游戏内容的开发外，对于游戏文件的管理更有杰出的表现，成为 LimeJS 的一大特色。

第一次接触 LimeJS

与其说 LimeJS 是一款游戏引擎，倒不如说是一个游戏开发的框架。与其他游戏引擎比较，其他引擎都是提供 "函数库" 或 "模块"，我们只要下载下来之后，在 HTML 文件中通过外部引用，就能直接调用游戏引擎的方法。

而 LimeJS 不同，要在 LimeJS 维护游戏项目，需要通过 Python 进行"添加"、"编译"、"导出"等操作。由于比其他游戏引擎多了统一编译处理的操作，LimeJS 解决了文件混乱的问题，像之前介绍的 melonjs 游戏引擎，需要下载一大堆有的没用的文件夹，函数库还必须在文件夹中移来移去才能正常使用，这样一比较就可以想象 LimeJS 给文件管理带来的便利性。

❖　官方资源

链接到 LimeJS 的官方网站（http://www.limejs.com/），如图 11-14 所示，可以从官方网站得到以下资源：

- "Downlad"中下载 LimeJS 游戏引擎。
- "guide"中浏览 LimeJS 的使用步骤。
- "documentation"中查看所有 API 的调用方式。
- "community"中去寻求高手的帮助。

图 11-14　LimeJS 官网

❖　开始 LimeJS

与其说 LimeJS 是一款游戏引擎，倒不如说是一个游戏开发的框架。与其他游戏引擎比较，其他引擎都是提供"函数库"或"模块"，我们只要下载下来之后，在 HTML 文件中通过外部引用，就能直接调用游戏引擎的方法。

而 LimeJS 不同，要在 LimeJS 维护游戏项目，需要通过 Python 进行"添加"、"编译"、"导出"等操作。因此在开始使用 LimeJS 之前，必须先经过一系列的前置软件安装，并通过 Python 指令协助处理游戏项目。以下将运行 LimeJS 所需的操作步骤整理如下：

步骤 01　前置软件安装

使用 LimeJS 开发游戏之前，必须先安装 Python、Git、Subversion、Java 等四个软件。Python、Git 和 Subversion 是编辑 LimeJS 游戏项目所需的软件，若要使用 Closure Compiler 工具的话，则要另外安装 Java。

上述四个工具可以参考下表 11-1 链接从网站下载，至于安装的方式和设置可以上网搜索其他网友的分享，这里就不再赘述。

表 11-1　工具链接

工具	链接
Python	https://www.python.org/downloads/
Git	http://git-scm.com/download
Subversion	https://www.visualsvn.com/downloads/ (Apache Subversion)
Java	http://www.java.com/en/

步骤 02 下载安装包

安装好前置软件后，从官网下载 LimeJS 的 ZIP package，如图 11-15 所示。解压缩后可以看到 LimeJS 的使用资源，包括"lime"文件夹中的 js 文件，以及"bin"文件夹中的 python 指令工具。

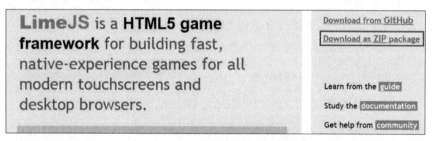

图 11-15　从 LimeJS 官网下载安装包

步骤 03 自动完成安装

第一次使用 LimeJS 时，可以通过 python 指令启动初始化安装。首先启动 CMD 命令行，接着将路径切换到上一步骤所下载的 LimeJS 文件夹下，并输入

指令"bin\lime.py init"，如图 11-16 所示。紧接着就会自行安装剩下所需的套件，安装完成后打开原来的 LimeJS 文件夹，可以发现多了"closure"、"box2d"等文件夹。

图 11-16　安装下载的 LimeJS

步骤 04 创建新项目

使用 LimeJS 创建新项目时，同样要通过 CMD 命令行才能执行，因此同样在 LimeJS 的路径下，输入指令"bin\lime.py create 项目名称"，就会在 LimeJS 文件夹下创建一个与项目名称同名的文件夹，打开后里面包含一个 HTML 文件与 JS 文件（这里将项目取名为 helloworld）。如图 11-17 所示。

图 11-17　创建新项目

步骤 05 执行项目

虽然目前还没有对新项目的程序进行任何编辑和修改，我们依然可以直接在浏览器中执行这个 HTML 文件。由于在创建新项目的时候已经直接导入了 LimeJS 的模版，所以可以执行一些基本操作。没想到连模版都自动帮我们准备好了，也难怪 LimeJS 在文件管理上如此优秀。

范例快速浏览

自学游戏引擎的途径，必须从学习别人制作的范例开始，因此这里示范一个网友 Yusen Jeng 提供的用 LimeJS 建立的小游戏，我们从程序代码中学习 LimeJS 建立游戏的概念。

❖　**执行游戏**

LimeJS 建立的游戏必须在服务器环境下才能运行，所以请将本书下载文件的"\范例\ch11\11-4"文件夹下的"hello"文件夹移到 AppServ 的"www"文件夹中，并以 localhost 方式运行。

此游戏是一款简单的鼠标检测游戏，在画面中产生无数颗星星，当鼠标滑过之后便将星星消除，当所有星星消失后弹出游戏结束的窗口。

❖　**环境初始设置**

在 JS 文件中开始编辑游戏程序。首先声明"hello"为游戏主函数，并使用 require 从 LimeJS 导入所需使用的函数库。

```
//set main namespace
goog.provide('hello');
//get requirements
goog.require('lime.Director');
goog.require('lime.Scene');
goog.require('lime.Layer');
goog.require('lime.Circle');
goog.require('lime.Label');
goog.require('lime.animation.Spawn');
goog.require('lime.animation.FadeTo');
goog.require('lime.animation.ScaleTo');
goog.require('lime.animation.MoveTo');
goog.require('lime.transitions.Dissolve');
goog.require('lime.audio.Audio');
```

❖ **游戏主程序**

声明 start 函数作为程序的主要进入点。

```
hello.start = function(){
    lime.scheduleManager.setDisplayRate(1000 / 60); // 60 FPS
    hello.director = new lime.Director(document.body, hello.W, hello.H);
    hello.director.setDisplayFPS(false);
    hello.scene1(); hello.director.makeMobileWebAppCapable();
}
```

❖ **建立游戏场景**

声明 scene1 函数作为第一个游戏场景。以 lime.scene 对象建立游戏场景，以 lime.layer 建立图层，以 lime.Sprite()加入图片，以 lime.label 加入文字，以 lime.audio 加入音效。

```
hello.scene1 = function(){
    // 建立场景中的元素
    var scene = new lime.Scene();
    var layer = new lime.Layer().setPosition(0,0).setAnchorPoint(0,0);
    var bg = new lime.Sprite().setFill('assets/wood.jpg');
    var title = new lime.Label().setText('').setPosition(900,50);

    // 将元素建立成分组
    layer.appendChild(bg);
    layer.appendChild(title);
    scene.appendChild(layer);

    // 加入音效
    var snd = new lime.audio.Audio('assets/pick.mp3');
    goog.events.listen(snd.baseElement,"ended",function(){
    snd.stop();
    });
```

❖ **建立星星**

声明函数 addStart()建立星星。使用 lime.Sprite()建立图片，使用 events. listen 事件检测鼠标事件，使用 lime.animation 建立动画效果。

```
function addStar(){
    var x = Math.random()*hello.W;
    var y = Math.random()*hello.H;
    var star = new lime.Sprite().setSize(101,85);
```

```
// 检测鼠标滑过星星
    goog.events.listen(star, ['mouseover','touchstart'], function(e){
        if (star.toBeDeleted) return;
        star.toBeDeleted = true;
// 鼠标滑过星星所执行的星星放大动画
        var zoomout = new lime.animation.Spawn(
        new lime.animation.ScaleTo(5),
        new lime.animation.FadeTo(0)
    ).setDuration(1.5).enableOptimizations();
        star.runAction(zoomout);
// 播放音效
        snd.play();
//计分系统
        score++;
        title.setText('Score: '+score);
//累计 9 分则调用游戏结束画面
        if (score>9)
            hello.scene2();
    });
    layer.appendChild(star);
}

    以循环建立 10 颗星星。
for (var k = 0; k < 10; ++k)
    addStar();
    hello.director.replaceScene(scene, lime.transitions.Dissolve);
};
```

❖ 建立游戏结束画面

声明 scene2 函数建立游戏结束画面。

```
hello.scene2 = function(){
    var scene = new lime.Scene();
    var layer = new lime.Layer().setPosition(0,0).setAnchorPoint(0,0);
    var bg = new lime.Sprite().setFill('#FFF').setPosition(0,0).
setAnchorPoint(0,0);
    var title = new lime.Label().setText('Game Over');
    layer.appendChild(bg);
    layer.appendChild(title);
    scene.appendChild(layer);
    hello.director.replaceScene(scene, lime.transitions.Dissolve);
```

```
};
goog.exportSymbol('hello.start', hello.start);
```

到这里已经轻松地建立了一个包含场景、音效、动画以及鼠标检测事件的简单游戏，仅仅用了约 100 行的程序。而从这个范例中，我们也能看出 LimeJS 建立游戏对象的方式，属于非常直觉易懂的编写方式，若想知道更多 LimeJS 的 API，可以到官方提供的文件中查询。

11.5　Cocos2D

如果有开发游戏的经验，肯定会听过 Cocos2d 这个历史悠久的游戏引擎了。Cocos2d 是基于 Python 架构所开发的游戏库，集成了物理引擎、基本选单、流程控制与多种 2D 绘图工具，对于 2D 游戏的开发有非常强力的支持。

第一次接触 Cocos2D

Cocos2D 经过长久的发展，已经支持多种游戏开发环境。目前只要下载了 Cocos2d JS 就能在 HTML5 环境下直接应用，用 JavaScript 进行控制。

❖　官方资源

访问 Cocos2D 的官方网站（http://cocos2d-x.org/），从网站图文的派头就可以感受到与其他游戏引擎的差异，如图 11-18 所示。官方网站提供的资源包括：

图 11-18　Cocos2D 的官网

- "Products" 中可以浏览各种 Cocos2D 版本。
- "Learn" 中可以查看 Cocos2D API 的相关技术文件。
- "Showcase" 中可以看到使用 Cocos2D 开发的游戏案例。

- "Community" 中可以寻求在线的技术支持。
- "Download" 中可以下载各版本的 Cocos2D 与支持工具。

❖ 导入 Cocos2D

从 "Download" 分页中，找到 "Cocos2d-JS" 版本进行下载，此版本是以 JavaScript 为基础，所以可支持 HTML5 开发环境。

在 "Cocos2d-JS" 下有常规版本和 "Lite" 版本可以下载，常规版本包含完整的函数库，因此容量大约将近 299MB，比起其他游戏引擎来说可是一点也不 "轻" 呢！由于本小节的目的只是让大家简单地了解 Cocos2D 游戏引擎，所以先下载 "Lite" 轻量级版本即可。如图 11-19 所示。

图 11-19　下载 Cocos2D 的 Lite 版

解压缩之后看看文件夹内包含哪些文件。HelloWorld.html 就是主程序文件，其中包括 HTML 标签，以及使用 JavaScript 调用的 Cocos2D API；cocos2d-js-v3.2- lite 则是 Cocos2D 的函数库，因此在 HTML 文件中必须从外部导入此函数库。

官方范例快速浏览

解压缩前面所下载的文件后，先从文件夹内的文件查看 Cocos2D 的文件结构。HelloWorld.html 就是主程序文件，其中包括 HTML 标签，以及使用 JavaScript 调用的 Cocos2D API；cocos2d-js-v3.2-lite 则是 Cocos2D 的函数库，因此在 HTML 文件中必须从外部导入此函数库。

❖ 执行范例

Cocos2D 游戏引擎同样需要在服务器环境下才能运行，所以请将本书下载文件的 "\范例\ch11\11-5" 文件夹中的 cocos2d 文件夹移到 AppServ 的 "www" 文件夹中，使用 localhost 的方式执行 "HelloWorld.html" 文件。执行范例后，可看到画面出现简单的背景与文字。如图 11-20 所示。

图 11-20　执行范例后可看到的简单背景和文字

❖　JS 程序结构

打开文件 "cocos2d-js-v3.2-lite"，里面有密密麻麻的一堆 cocos2d API，看不懂没关系，我们就是因为不会编写游戏 API 所以才要用游戏引擎的嘛！但打开这个文件要观察到的重点是声明了 "cc" 这个变量当作函数的开头，也就是后续调用 cocos2d API 时，必须都以 cc 作为开头。

❖　HTML5 程序结构

接着打开文件 "HelloWorld.html"，看看如何使用 JavaScript 指令调用 cocos2d API。在 html 部分，需要声明一个 `<canvas>` 范围作为游戏的执行画面。

在 script 语句中，声明 cc.game.onStart 为主程序，并使用 cc.Scene.extend 建立游戏场景中的对象。游戏场景中包含一张背景图，使用 cc.Sprite.create 指令加入图像，并用 setPosition 与 setScale 属性调整背景图的位置与大小。游戏场景还包含了一个文字标签，使用 cc.LabelTTF.create 指令建立文字层。最后指定游戏的执行范围在 gameCanvas 内。

```
<script type="text/javascript">
    window.onload = function(){
        cc.game.onStart = function(){
            //load resources
            cc.LoaderScene.preload(["HelloWorld.png"], function () {
                var MyScene = cc.Scene.extend({
                    onEnter:function () {
                        this._super();
                        var size = cc.director.getWinSize();
                        var sprite = cc.Sprite.create("HelloWorld.png");
                        sprite.setPosition(size.width / 2, size.height / 2);
                        sprite.setScale(0.8);
                        this.addChild(sprite, 0);

                        var label = cc.LabelTTF.create("Hello World", "Arial", 40);
                        label.setPosition(size.width / 2, size.height / 2);
                        this.addChild(label, 1);
                    }
                });
                cc.director.runScene(new MyScene());
            }, this);
        };
        cc.game.run("gameCanvas");
    };
</script>
```

　　使用简单的 Sprite.create 和 LabelTTF.create 建立了背景和文字两个对象，当然 cocos2d 还有许多 API 等着大家去发掘，有兴趣的话可以从官网"Learn"分页中去浏览在线的 API 技术文件。

第 12 章

游戏制作——2D 游戏地图

　　"Tiled Map Editor"是一款免费的 2D 地图编辑器，通过可视化界面以"拼块"的方式组合游戏地图环境，设计完的地图信息将会被存储为纯文本格式，扩展名为 tmx。目前多数游戏引擎都内建有 tmx 的解析函数，例如前一章所介绍的 Quintus、melonjs 等，可以将地图信息引用到 JavaScript 中建立游戏场景，非常方便。在本章中将带领大家熟悉"Tiled Map Editor"这套软件，未来的游戏地图设计都靠它来完成了！

　　在本章中将学到的重点内容包括：

- 安装 Tiled Map Editor 环境
- 在线免费游戏地图资源
- Tiled Map Editor 对象绘制
- 加入 Tiled Map Editor 对象属性
- 引用 tmx 地图信息

12.1　**下载与安装** Tiled Map Editor

有道是"工欲善其事，必先利其器"，在第一个单元就先来建立 Tile Map Editor 的使用环境，并且认识 Tiled Map Editor 提供的地图编辑界面吧！

Tiled Map Editor 是免费的地图编辑器，直接连上官网（www.mapeditor.org）下载正版软件来使用。在官网的首页就能看到斗大的"Download"字样，请直接单击开始下载，如图 12-1 所示。

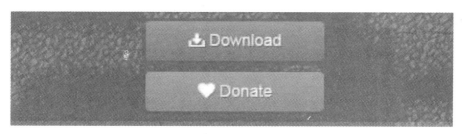

图 12-1　从官网下载 Tiled Map Editor

单击"Download"的链接后会进入到下载网页，在此页面中可以选择所要使用的操作系统。如图 12-2 所示。

图 12-2　选择适用相应操作系统的 Tiled Map Editor

下载完成单击安装程序后，会出现安装程序窗口，单击"下一步"；接下来会进入"许可证协议"窗口，单击"我接受"按钮同意应用程序的条款。

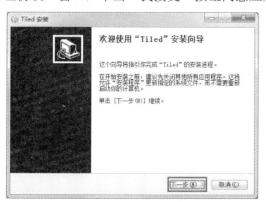

图 12-3　开始安装 Tiled Map Editor

接下来出现安装路径的选择，可以单击"浏览"来更改安装路径，或者是用系统默认位置，选择完毕后单击"安装"便会开始执行安装程序；最后选中"Launch Tiled"设置在安装完成后执行程序。如图 12-4 所示。

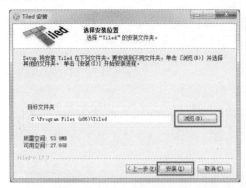

图 12-4　安装好 Tiled Map Editor，然后启动之

12.2　2D 免费游戏场景资源介绍

有了 2D 地图编辑器是很方便没错，但是素材还是要自己慢慢搜集，绘制游戏场景实在是件大工程。不过别担心，为了帮助开发人员缩短消耗在美术编辑上的时间，这里将分享网络上一些免费的游戏场景资源，让我们抱着感恩的心使用这些超棒的素材吧！

OpenGameArt

OpenGameArt（http://opengameart.org/）是第一个要和大家分享的免费资源。在这个网站里提供了大量游戏所需使用的美术资源，分类包括 2D、3D、背景音乐（Music）和音效（Sound）等等。如图 12-5 所示。

图 12-5　OpenGameArt 官网

单击"Browse"分页就可以看到以各种分类区分的游戏素材，先来看看"2D Art"分类，单击进入后就有各种 2D 美术图，例如角色表、地图场景等。

❖　**角色表**

挑一张角色图来看看提供了哪些资源。这里选择了一个名为"land monster"的角色资源，从网页中的下载链接下载 zip 压缩文件。解压缩后可看到分成"got_hit"、"idle"和"jump"三个文件夹，原来每个文件夹里面存放的是这只角色在遭遇不同情况时产生的动作分解图，如图 12-6 所示。有了这些分解图就可以使用 sprite（角色表）功能让角色动起来了！

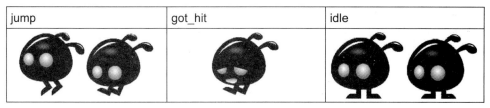

jump	got_hit	idle

图 12-6　"land monster"角色的动作分解图

❖　**地图场景**

接着看看地图场景的文件样式，选择一个砖块式地图，也就像是迷宫一样的方阵地图。在网页中看到的预览图是一个标准的地图关卡，但下载下来的文件却是莫名其妙的格式，这是怎么一回事呢？如图 12-7 所示。

　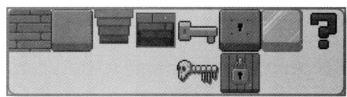

预览文件　　　　　　　　　　　　下载文件

图 12-7

别紧张，这不是上传的人搞错了文件，而是 Tiled 地图编辑的特色，"Tiled"翻成中文也就是"瓷砖"的意思，之所以要以"瓷砖"命名，原因就在于编辑这个地图的方式，是采用一块块方形的素材图像，像是贴瓷砖一样拼贴出整个游戏的场景。

因此，别人在网络上分享地图素材时，就是提供这样一块块不同素材拼接而成的图像，当我们将这个素材图像读入 Tiled Map Editor 时，可以通过"图块集"来解析这张图像，自动切成一块块可用的"瓷砖"，如此一来我们就可以在地图编辑器中自由应用这些素材了。

然而也有人分享完整的大型地图像文件，其实设计的原理也是一样，会先以"瓷砖"的方式拆成一小块一小块的图像读入 Tiled Map Editor，所以当我们进入地图编辑器时，就一次性地将整个拼块拉入游戏场景中即可。如图 12-8 所示。

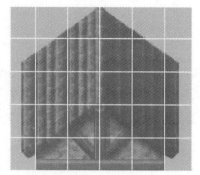

图像文件的样式 在编辑器中的样式

图 12-8

Reiner's Tilesets

第二个免费资源 Reiner'sTilesets（http://www.reinerstilesets.de/），提供了不同种类的分类方式。从"2D Graphics"分项中，可以从下拉菜单选择要找的动物、动画、建筑物、环境、人型、怪物等，可以更快地搜索到自己想要寻找的目标。如图 12-9 所示。

图 12-9　Reiner's Tilesets 网提供的免费资源

Game-icons.net

第三个免费资源 Game-icons.net（http://game-icons.net/）所提供的是游戏所需要的 icon 图标，使用各种标签进行分类，例如动物（animal）、食物（food）、火焰（fire）等等，可以进行相当多的应用，例如游戏中的 UI 菜单、技能等。如图 12-10 所示。

图 12-10　Game-icons.net 网提供的免费资源

其他免费资源

其他要和大家分享的免费资源，可能内容就不如上述几个网站丰富，但是还是有许多不错的设计作品可以应用。下表 12-1 就直接将链接分享给大家，大家可以自由去寻宝，找找看有没有自己游戏风格所需的素材啰！

表 12-1　免费资源链接

名称	网址
Free Stuff	www.dumbmanex.com/bynd_freestuff.html
icon for RPG	7soul1.deviantart.com/art/420-Pixel-Art-Icons-for-RPG-129892453
TomeTik	pousse.rapiere.free.fr/tome/
TIGSource	www.derekyu.com/tigs/assemblee/

12.3　绘制 2D 游戏场景与对象

从免费资源搜集完 2D 美术素材后，终于可以来打造自己梦想中的游戏场景了。在这个单元中将通过 Tiled Map Editor 导入先前找到的美术素材，经过"图块集"的建立将素材解析成一个个的"瓷砖"，再加上我们的巧思慢慢拼出游戏世界。

绘制场景

❖　创建新项目

启动程序 Tiled Map Editor 后，先单击"新文件"图标创建新项目，如图 12-11 所示。新地图窗口中可以设置地图方向、图层格式、图块绘制顺序、地图大小以及图块大小等信息。地图大小的单位使用"图块"，代表每一边最多可以放置的图块个数；图块大小的单位使用"像素"，代表每一个瓷砖的尺寸。

图 12-11　启动 Tiled Map Editor 后创建新项目

可参考以下设置进行地图设计，如图 12-12 所示：

- 地图方向：正常。
- 图层格式:: XML。
- 绘制顺序：左上。
- 地图大小：宽度 12 图块，高度 12 图块。

- 图块大小：宽度 32 像素，高度 32 像素。

图 12-12　为地图设计设置属性

接着从菜单的"视图"中启用"显示网格"功能，方便查看当前画面大小，如图 12-13 所示。创建好文件后记得养成随手存盘的好习惯，在完成地图设置后单击"保存"按钮，并选择存盘路径、命名项目并保存地图设置。

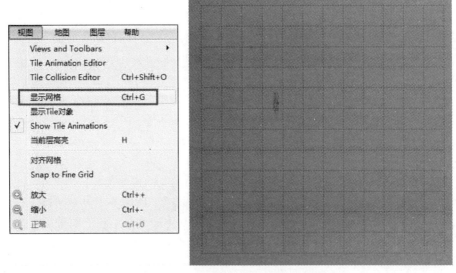

图 12-13　启用"显示网格"功能

❖　**建立新图块集**

建立新图块集的功能，可以将我们所找的美术素材读入地图编辑器中，并拆解成一块块的瓷砖。接下来请遵循操作步骤（如图 12-14 所示），使用本书下载文件的"\范例\ch12"文件夹中的"img"文件夹下的美术素材来设计游戏场景。

步骤01 选择"图块"分页。

步骤 02 按下"新图块集"的图标。

步骤 03 输入名称"map"。

步骤 04 导入美术素材，请使用 img 文件夹中的"Sprute.png"。

步骤 05 按下 ok 完成图块集的添加。

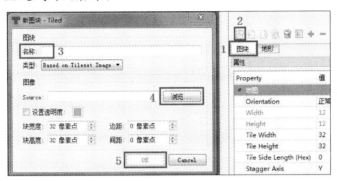

图 12-14　按步骤建立新图块集

❖ **加入图层 wall**

建立好新图块集之后，将会在"图块"窗口中看到许多不同样式的"瓷砖"，这就是接下来我们要拼出地图所需的素材。在地图编辑器中可以建立图层，图层的功能是用来区分不同图片组的区域，首先先来建立游戏场景最外围的墙壁，划出游戏范围。

在窗口右侧的"图层"分页中单击"添加图层"按钮，接着单击刚刚添加的图层 1，在下方"属性"的"名称"中输入"wall"为图层命名。如图 12-15 所示。

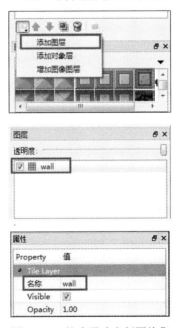

图 12-15　按步骤建立新图块集

接下来要做的操作是将磁砖贴至工作区上。第一个步骤先单击图层"wall"，第二个步骤选择"map"图块集里的"水蓝色磁砖"，第三个步骤是在上方工具栏中选取"图章刷"，要确认单击工具为"图章刷"后才能将图块集里的"水蓝色磁砖"贴在工作区上，可以使用鼠标左键单击或是按住鼠标再拖曳来贴图。

当有时候不小心误贴到不想贴的地方或是做到一半突然改变心意怎么办呢？这时就可以使用工具栏上方的"橡皮"单击不需要贴磁砖的地方。在范例中，我们用蓝色磁砖在工作区域围成一圈，接下来要在里面的区域贴上另外一种颜色的磁砖。如图 12-16 所示。

图 12-16　按步骤建立新图块集

❖　加入图层 floor

接下来要加入图层 floor，用来摆放地板的瓷砖。一样先单击"添加图层"按钮的"加入图层"选项，建立一个名为"floor"的新图层。接着我们要在中间区贴上灰色的磁砖，单击灰色磁砖后再使用"图章刷"功能贴上磁砖。如图 12-17 所示。

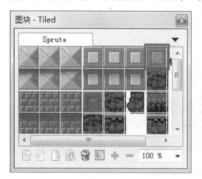 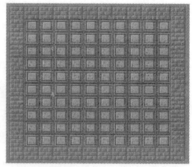

图 12-17　加入图层 floor

❖　加入图层 box

现在来建立第三图层 box，此图层用来摆放箱子，以组成类似墙壁的障碍物。从图块中选择箱子的瓷砖，并在工作区内放置箱子。单击箱子后使用"图章刷"功能，按照如图 12-18 所示的画红线的区域贴上箱子的图像。

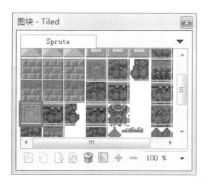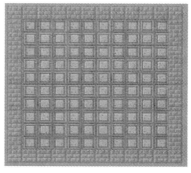

图 12-18 加入图层 box

若单击时没有出现贴图，可能是 box 图层被其他图层覆盖掉了，这时候就要单击 box 图层后，再单击"前置图层"按钮，将 box 层移动至最上方，就可以看到箱子出现。如图 12-19 所示。

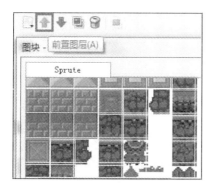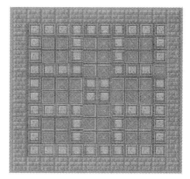

图 12-19 前置被覆盖的图层

绘制对象

完成地图的绘制后，接下来要将游戏主角加入到场景内，只是主角与地图不同，主角是会移动的元素，所以必须声明在"对象层"中。

❖ 加入新图块集

从"图块"分面中加入"新图块集"，单击之后会出现"新图块集"的设置窗口。在设置窗口中输入"名称"为 player，在"类型"选择"Based on Tileset Images"，设置完成后单击"浏览"按钮，加载"Knight_5.png"这个图像。最后图块宽度为 32 像素，图块高度 32 像素，边距 0 像素，间距 0 像素，设置完成后单击"OK"完成角色图块的建立。如图 12-20 所示。

图 12-20　加入新图块集，加载图像

❖　**加入对象层**

接下来单击"添加图层"按钮选择"添加对象层"。添加的对象层一样也要在"属性"中更改图层名称。在单击对象层之后，从"图层"中"图块"的"player"分页下选取主角，在人物的出生地点上单击左键即可。如图 12-21 所示。

图 12-21　加入对象层，选取主角图像，再放置人物到游戏出生地点

12.4　编辑场景对象的属性

场景对象属性的设置，代表了此对象在地图场景中的定位。例如墙壁（wall）是地图的范围，游戏角色不可以超出这个限制；角色（player）是要交给玩家操控的可动对象，为了标示这些对象的不同，就需要为对象加入属性内容。

❖　**碰撞属性**

接下来我们要在外墙的地方加入碰撞属性，这样人物就不会使用"无敌穿墙术"跑到游戏画面之外。先选取图层 wall，也就是水蓝色外墙的图层，单击"属性"窗口最下面的"＋"，此功能为"增加属性"；单击之后会出现一个"增加属性"的窗口，在上面输入"collision"增加碰撞属性；最后在"图块"＞"属性"＞"自定义属性"中输入"true"，这样人物就不会穿过墙壁了。如图 12-22 所示。

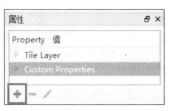  

图 12-22　设置碰撞属性

❖　**图块属性**

下一步要进行图块属性的设置，也就是设置玩家所要操控的人物。先用鼠标右键单击"图块" > "player"里的人物后，单击"图块属性"，接着单击下方的"＋"增加属性，在窗口中输入名称为"class"，最后将 class 的值输入"player"即可完成设置。通过这样的操作，在产生地图信息时会注释此图像的 class 内容为 player，到时就可以使用程序代码来控制这个角色。如图 12-23 所示。

  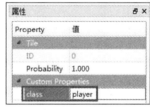

图 12-23　设置角色图块属性

12.5　实机测试

完成辛苦的地图设计后，最后就可以将完成的地图套入程序代码，让角色能够在地图场景中自由活动了。这里的实机测试以 Quintus 游戏引擎作为示范，按序教大家如何将建立好的地图引用到文件中。

❖　**文件结构**

在第 12 章范例的文件夹中有个"Quintus"的文件夹，里面包含的是 Quintus 函数库。使用 Quintus 游戏引擎建立的游戏文件，必须放置在 Quintus 文件夹下，因此在本章的范例中我们把游戏文件放置在取名为"Warehouse"的文件夹中。如图 12-24 所示。

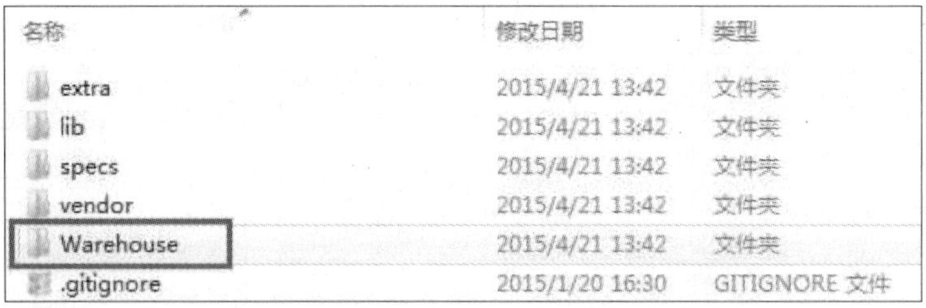

图 12-24　Quintus 游戏引擎建立的游戏文件

启动"Warehouse"文件夹后可看到四个文件：

- "data 文件夹"用来存放地图编辑器所生成的 tmx 文件。
- "images 文件夹"用来存储地图编辑器所使用到的图片文件。
- "testMap.html"为执行文件，用来加载 Quintus 函数库。
- "testMap.js"为游戏控制的主程序，编写角色控制程序与加载地图。

❖　地图嵌入

接下来要将刚刚做好的地图嵌入主程序中，首先将地图 tmx 文件放到"data 文件夹"下；接着启动"testMap.js"，查看最下方的 tmx 程序代码，在 Quintus 函数库中使用 Q.stageTMX 和 Q.loadTMX 来加载地图，因此请将"test.tmx"修正为你的地图 tmx 名称，修正好后保存文件。

```
Q.scene("level1",function(stage)
  {
    Q.stageTMX("test.tmx", stage);
    var player = Q("Player").first();
  });

  Q.loadTMX("test.tmx", function()
  {
    Q.stageScene("level1");
  });
```

❖　测试范例

由于 Quintus 游戏引擎必须在服务器环境下才能运行，所以请将整个"Quintus"文件夹复制到 AppServ 的"www"文件夹下，使用 localhost 路径来执行"Warehouse"文件夹中的 testMap.html。默认网址为：

http://localhost:8080/Quintus/Warehouse/testmap.html

成功执行后就可以通过键盘的上下左右键来控制人物的移动，并且不会超出水蓝色的墙壁之外。至于 Quintus 程序如何驱动角色的移动，这部分留到下一个章节再和大家分享。

第 13 章
游戏制作—仓库番推宝箱

仓库番是款超人气的益智游戏，玩家必须操控游戏中的主角，在层层障碍中将场景内的宝箱推到指定地点，方能通关成功进入下一关。在上一章的 2D 地图编辑器中，我们已经了解了仓库番游戏地图的设计方法，在这个章节中，将结合 Quintus 游戏引擎，实现仓库番推宝箱的游戏运行机制。

在本章中将学到的重点内容包括：

- 使用 Quintus 游戏引擎
- 2D 地图编辑器实际应用
- 碰撞检测技巧
- 关卡建立技巧
- Quintus 多媒体资源引用技巧

13.1 Quintus 环境建立

Quintus 是一款开源的 HTML5 游戏引擎，采用 JavaScript 作为设计框架，因此可以在 HTML 文件中通过 JavaScript 指令来调用 Quintus 所提供的游戏开发 API。为了把 Quintus 游戏引擎加入到游戏项目中，必须先进行建立 Quintus 游戏引擎的环境。

❖ **下载 Quintus 游戏引擎**

Quintus 游戏引擎需从官网（http://www.html5quintus.com/）的"GITHUB"链接下载。在下载空间中单击旁边的"Download ZIP"按钮，将整个游戏引擎以压缩文件的方式下载到本地电脑中。如图 13-1 所示。

图 13-1　到 Quintus 官网下载游戏引擎

❖ **文件夹结构**

将下载下来的 Quintus 文件解压缩后，可发现里面有无数个文件，其中需要特别介绍的有"examples"文件夹，此文件夹包含多种 Quintus API 的操作示范，若要深入了解 Quintus 游戏引擎的应用，可以从 examples 文件夹中的范例程序开始观摩演练。

另外在第 11 章曾经介绍过，Quintus 最大的特色就是拥有"继承"的特性，Quintus 游戏引擎已经内建了多种游戏开发中可以使用的基本模块，只要在 HTML 中直接继承 Quintus 模块中的对象与方法，就能快速进行游戏开发。这些模块被保存在"lib"文件夹下，每个 js 文件就是一个独立的模块功能。以下对 Quintus 各个模块的功能进行介绍：

- quintus.js：Quintus 的核心模块，主要定义了 Quintus 游戏引擎的架构。
- quintus_input.js：定义了用户从键盘或触控屏幕的输入操作。
- quintus_sprites.js：定义了角色表相关的基本模块。
- quintus_scenes.js：定义了场景相关的模块。
- quintus_anim.js：定义了支持动画功能的相关模块。

❖ **服务器环境测试**

由于 Quintus 游戏引擎必须在服务器环境下才能正常运行，因此若要在本机进行测试，必须先安装 AppServ，在本机建立服务器环境。AppServ 的安装方式在本书第 7 章已经介绍了详细的下载与安装步骤，这里就不再重复介绍。

在本机建立好服务器环境后，可将 Quintus 游戏引擎的文件夹整个复制到 C:\AppServ\www 路径下，未来将使用 localhost 本机执行的方式来运行。为了在输入网址时能够更简短一些，本书将游戏引擎文件夹重新命名为"Quintus"，如果接着在浏览器的网址栏中输入以下链接：http://localhost:8080/Quintus/examples/，之后就可以进入 Quintus 游戏引擎的范例文件夹中，挑选一个自己喜欢的范例来运行吧！这里选择"tower_man"作为运行范例，请单击"tower_man"文件夹，若您能在浏览器中正常看到以下的游戏画面（如图 13-2 所示），代表 Quintus 游戏引擎已经能够正常运行了。

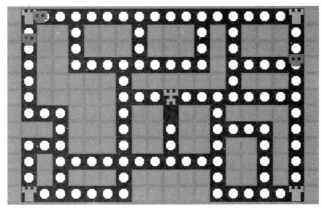

图 13-2　"tower_man"范例游戏的画面

13.2　2D 游戏场景建设

完成 Quintus 游戏引擎的架设后，接下来要回到第 12 章的内容，也就是通过 2D 地图编辑器"Tiled Map Editor"来制作仓库番的游戏地图。可进入本书下载文件的"\范例\ch13"文件夹中，从"img"文件夹选用地图的美术素材，并引用"map"文件夹中的地图像文件建立自己喜欢的游戏场景。在本章就以"map"文件夹中的"map1.tmx"文件作为示范。如图 13-3 所示。

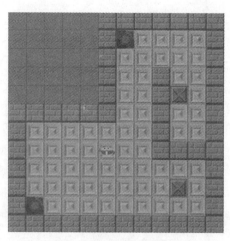

图 13-3　范例游戏的游戏场景

❖　**创建新项目**

启动程序 Tiled Map Editor 后，先单击"新文件"图标创建新项目。可引用以下设置创建新地图：

- 地图方向：正常。
- 图层格式:：XML。
- 绘制顺序：左上。
- 地图大小：宽度 12 图块，高度 12 图块。
- 图块大小：宽度 32 像素，高度 32 像素。
- 建立新图块集

通过建立新图块集的功能，将范例文件夹"img"所提供的美术素材"map.png"和"player.png"读入地图编辑器中，分别建立"map"和"player"两个图块层。具体步骤如图13-4 所示。

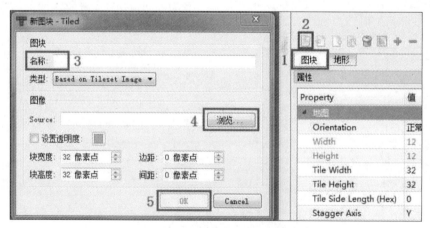

图 13-4　建立新图块集并进行属性设置

步骤 01　选择"图块"分页。

步骤 02　按下"新图块集"的图标。

步骤 03　输入名称"map"和"player"。

步骤 04　导入美术素材，图块宽度与高度设置为 32 像素。

步骤 05　按下 ok 完成图块集的添加。

❖　**绘制图层**

所谓图层是指在地图中不具特别功能的区块，包括外墙（wall）以及地板（footer）。因此在"图层"分页中选择"添加图层"功能，分别建立图层 wall 与图层 footer。如图 13-5 所示。

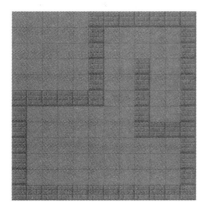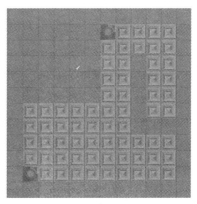

图 13-5　图层 wall 和图层 footer

❖　**绘制对象层**

所谓对象层是在地图中具有特殊功能，将交由程序进行后续判断的区块。在仓库番范例中，需要被绘制为对象层的元素包括玩家（player）、箱子（box）以及感应区（boxLock）。

● 玩家

建立一个新的"对象层"，并命名为"player"，在图块"player"中选择一张角色图片放置在游戏场景中。如图 13-6 所示。

图 13-6　为角色建立新的"对象层"，并把角色图片加入游戏场景中

- 箱子

接着再建立一个新的"对象层"命名为"box"，在图块"map"中选择箱子的图片，摆放在游戏场景中。如图 13-7 所示。

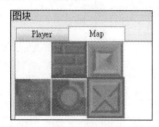

图 13-7　为箱子建立新的"对象层"，并把箱子图片加入游戏场景中

❖ 感应区

感应区是一个特别的图层，必须以透明的方式覆盖在箱子解锁的位置上，在后续程序中将通过这个感应区来判断是否通关成功。建立一个新的对象层并命名为"boxLock"，在图块"map"中选择透明的图片，重叠摆放在解锁点上。如图 13-8 所示。

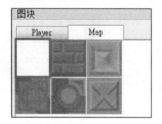

图 13-8　建立感应区的特别图层

❖ 加入属性

最后必须给图层与图块加入相关属性，以便在程序中进行判断与控制。各图层与对象所需建立的属性请参考表 13-1 逐一建立。

表 13-1　图层/图块属性

图层/图块	属性内容	值
图层 footer	Sensor	true
图层 wall	collision	true
图块 player	class	Player
图块 box	class	Box
图块 box	sensor	false
图块 boxLock	class	Box_lock
图块 boxLock	sensor	true

❖　**文件建立**

完成地图文件 map1.tmx 后请保存文件，并将文件放置到"\范例\ch13\ch13\data"文件夹中，稍后在程序控制时会从这个文件夹内导入地图信息。到此为止已经完成了游戏地图的建立。

13.3　人物操控与 Sheet 动画

完成游戏场景设计之后，接着要通过程序控制让主角"活过来"。玩家可以通过键盘控制人物的移动，且人物移动时必须自动修正面部朝向与角色表的动画。接下来请打开"\范例\ch13\ch13\box_man.js"文件，游戏控制的主程序将编写在这个文件中。

❖　**通关条件设置**

仓库番游戏的通关条件设置为游戏主角将画面中的两个箱子推到指定的地点，因此声明两个变量，用来保存两个箱子的通关条件。

```
// 通关条件 1、通关条件 2
var mission1 = false;
var mission2 = false;
```

❖　**载入游戏**

通过 windows 监听事件的检测，在检测到加载窗口时则运行游戏主程序。

```
//1. 当加载窗口时就执行
window.addEventListener("load",function(){
// …游戏主程序…
}
```

❖　**导入 Quintus 游戏引擎**

声明变量 Q 加载 Quintus 游戏引擎，未来可使用变量 Q 调用 Quintus API，使用的指令意义如下：

- include 指令用来加载 Quintus 各个游戏模块。
- setup 指令设置游戏画面的大小为 600*600。
- controls 指令启动键盘控制效果。
- touch 指令用来加入 UI 模块的 button 按钮。
- enableSound 指令用来操控游戏音效。

```
var Q = window.Q = Quintus({ audioSupported: [ 'mp3' ]})
    .include("Audio, Sprites, Scenes, Input, 2D, Anim, TMX, Touch, UI")
    .setup({ width: 600, height: 600})
    .controls(true)
    .touch()
    .enableSound();
```

❖ **游戏环境设置**

通过 Quintus 模块加入键盘与游戏杆控制，并且取消游戏世界的重力设置，否则默认重力在屏幕下方，游戏开始后对象会自动往下掉；另外设置游戏图层，数字越高代表图层越高。

```
// 加入基本的键盘控制跟游戏杆控制(用于触控面板)
Q.input.keyboardControls();
Q.input.joypadControls();

// 取消游戏世界的重力设置
Q.gravityX = 0;
Q.gravityY = 0;

// 设置游戏图层
Q.SPRITE_NONE = 0;
Q.SPRITE_PLAYER = 1;
Q.SPRITE_COLLECTABLE = 2;
Q.SPRITE_BOXLOCK = 4;
Q.SPRITE_BOX = 8;
```

❖ **主角控制**

设置主角的控制指令，也就是与键盘控制有关的主角在游戏中的动作。在初始状况下，主角移动的速度设置为 100，一开始面朝的方向为向上；建立 added 方法，将设置附加在玩家对象上，并执行 step 方法。

```
Q.component("boxManControls",
{
    // 设置主角移动速度 100, 初始方向朝上
    defaults: { speed: 100, direction: 'up' },

    // 附加在玩家对象身上
    added: function()
    {
```

```
            var p = this.entity.p;

            // 将设置给当前对象
            Q._defaults(p,this.defaults);
            // 调用执行  step
            this.entity.on("step",this,"step");
    },
```

❖　**主角移动设置**

在 step 方法中设置主角移动相关的设置，包括面朝方向、移动速度等信息。首先通过 p.vx 和 p.vy（x 和 y 坐标）检测玩家对象的移动方向，以此来旋转人物的面朝方向。

```
step: function(dt)
    {
        // 取得当前玩家对象
        var p = this.entity.p;

        //根据玩家对象的移动方向来旋转人物
        //往右走时
        if(p.vx > 0)
        {
            p.angle = 90;
        }
        // 往左走时
        else if(p.vx < 0)
        {
            p.angle = -90;
        }
        // 往下走时
        else if(p.vy > 0)
        {
            p.angle = 180;
        }
        // 往上走时
        else if(p.vy < 0)
        {
            p.angle = 0;
        }
```

接着使用 Q.inputs 检测玩家所发出的键盘控制指令，决定 p.direction 的数值。

```
            // 当左箭头键按下时
```

```
        if(Q.inputs['left'] == true)
        {
          p.direction = 'left';
        }

        // 当右箭头键按下时
        else if(Q.inputs['right'] == true)
        {
          p.direction = 'right';
        }

        // 当上箭头键按下时
        else if(Q.inputs['up'] == true)
        {
            p.direction = 'up';
        }

        // 当下箭头键按下时
        else if(Q.inputs['down'] == true)
        {
            p.direction = 'down';
         }

        // 什么事都没做时
        else
        {
            p.direction = 'nothing';
        }
    }
```

按照 p.direction 的内容，决定角色的移动方向与速度。若往左，则给予 x 坐标负值、y 坐标 0 的加速度；若往右，则给予 x 坐标正值、y 坐标 0 的加速度；若往上，则给予 x 坐标 0、y 坐标负值；若往下，则给予 x 坐标 0、y 坐标正值的加速度。

```
    switch(p.direction)
    {
    //给予玩家 加速度 x = 本身的移动速度设置(-负数等于反方向 +正数为正方向)
    case "left":
        p.vx = -p.speed;
        p.vy = 0;
        break;

    case "right":
```

```
        p.vx = p.speed;
        p.vy = 0; break;

    //给予玩家 加速度 y = 本身的移动速度设置(-负数等于反方向 +正数为正方向)
    case "up":
        p.vy = -p.speed;
        p.vx = 0;
        break;

    case "down":
        p.vy = p.speed;
        p.vx = 0;
        break;

    // 如果什么都没做，就停止
    case "nothing":
        p.vx = 0;
        p.vy = 0;
        break;
    }
    }
});
```

❖ **玩家对象**

　　玩家对象所要控制的内容与主角对象不同，玩家对象主要控制角色的角色表、碰撞等事件。声明一个 sprite 对象为 "player"，此名称要与在地图角色中声明的 class 名称一致，程序中的功能才能对应起来。

　　在 sprite 对象的初始状态，使用 sheet 指定图片集名称，这个图片集名称要与在地图编辑器中取的名字一致，而 frame 指令则是指定在地图编辑器中，该图片是图片集第几张图片（从 0 开始数）。如图 13-9 所示。

图 13-9　图片集

　　角色设置在 SPRITE_PLAYER 图层中，并设置角色碰撞图层在 SPRITE_DEAFAULT 图层中。最后使用 add 指令加载 2D、动画与主角控制组件。

```
Q.Sprite.extend("Player",
{
    init: function(p)
    {
        // 在 tmx 的加载图片集名称
        p.sheet = "Player";
        // 加载动画对象名称
        p.sprite = "Player";
        // 由左往右数 在图片集的第几个图案 从 0 开始
        p.frame = 0;
        // 设置玩家对象的图层值
        p.type = Q.SPRITE_PLAYER;
        // 设置玩家对象的碰撞目标图层
        p.collisionMask = Q.SPRITE_DEFAULT;
        // 初始建立该对象
        this._super(p);
        // 加载 2d、动画、玩家对象的控制组件
        this.add("2d, animation, boxManControls");
    },
```

在 step 状态中设置角色的动画控制时机。当角色接收到键盘传来的移动指令时，会播放走路动画（player_walk），若没有接收到移动指令，则播放待机动画（player_idel）。

```
step: function(dt)
    {
        // 当按下左右上下箭头键就播放玩家走路动画
        if(Q.inputs['left'] || Q.inputs['right'] ||
           Q.inputs['up']      || Q.inputs['down'])
        {
            this.play("player_walk");
        }
        // 播放玩家待机动画
        else
        {
            this.play("player_idel");
        }
    }
});
```

13.4 2D 碰撞系统

在 2D 碰撞系统这个单元中，要建立箱子与箱子目的地对象的碰撞检测，当主角碰到箱子时，可以移动箱子的坐标，而当箱子与箱子目的地发生碰撞时，代表已经触发通关条件。

❖ **建立箱子对象**

建立箱子与箱子目的地碰撞的方式与主角一样，可以通过 sprite 对象完成。但由于要检测碰撞的发生，所以需要加入一个 sensor 传感器，并建立一个碰撞屏蔽罩，此屏蔽会与玩家的碰撞屏蔽位于同一个图层（SPRITE_PLAYER），用以检测箱子与角色发生的碰撞。

```
// 箱子对象
Q.Sprite.extend("Box",
{
    init: function(p)
    {
        // 在 tmx 的加载图片集名称
        p.sheet = "Map";
        p.frame = 5;

        //sensor 传感器 设为关闭
        p.sensor = false;
        p.type = Q.SPRITE_BOX;
        // 碰撞屏蔽 只对玩家对象碰撞作出反应
        p.collisionMask = Q.SPRITE_PLAYER;
        this._super(p);
        this.add("2d");
    }
});
```

❖ **建立箱子目的地对象**

以 sprite 对象建立箱子目的地。在初始状态下，先载入箱子目的地的图片信息，也就是在地图编辑器中所属的图片集名称（sheet）与图片编号（frame）。

```
// 箱子目的地对象
Q.Sprite.extend("Box_lock",
{
    init: function(p)
    {
        // 在 tmx 的加载图片集名称
```

```
            p.sheet = "Map";

            // 取第一张透明图  实现透明碰撞区
            p.frame = 0;
```

接着启动 sensor 传感器，让其他对象得以穿透，也就是人物、箱子等可以踩在箱子目的地上面，且不会推动该对象。

```
p.sensor = true;
p.type = Q.SPRITE_BOXLOCK;
```

设置箱子目的地的碰撞屏蔽，因为箱子目的地仅需检测与箱子的碰撞，因此屏蔽图层设置与箱子一样在 SPRITE_BOX，当传感器检测到碰撞则执行 sensor 函数。

```
            // 碰撞屏蔽  设为只跟箱子对象碰撞作出反应
            p.collisionMask = Q.SPRITE_BOX;

            this._super(p);
            this.add("2d");

            // 当传感器碰撞了就执行这个函数
            this.on("sensor");
    },
```

❖ **箱子目的地发生碰撞**

当箱子目的地检测到碰撞，代表玩家已经将箱子推到指定地点上了，这时候就要启用通关条件是否满足的判断，此判断语句编写在 sensor 函数中。首先检测当判断发生时，将箱子目的地的碰撞图层移到 SPRITE_NONE 中，也就是终止继续检测碰撞，避免重复计算碰撞次数。

```
        sensor: function(col)
        {
            //当箱子摆放区域被撞到就设为  Q.SPRITE_NONE
            //不重复判断也不与任何对象感应碰撞
            this.p.collisionMask = Q.SPRITE_NONE;
```

接下来使用变量 mission1 和 mission2 判断两个通关条件是否满足，以下通过过一个判断语句来保护关卡机制的正常运行。当两个通关条件有一项没满足时，仅能设置其中一个变量为 true。

```
// 如果通关条件 1 或通关条件 2 的变量有一个还是没满足
if(mission1 == false | mission2 == false)
{
```

```
// 如果通关条件 1 满足
if(mission1)
{
    mission2 = true;
}
// 如果通关条件 1 没有满足
else
{
    mission1 = true;
}
}
```

当两个通关条件都满足后，使用 audio 方法播放胜利音效，并调用 stageScene 建立游戏通关的提示窗口，窗口中显示"You Won!"字样，并提供重新开始游戏的按钮。

```
// 如果两个通关条件都满足了
if(mission1 && mission2)
{
    // 播放胜利欢呼声
    // 先调整音量 在播放特定音效
    Q.audio.volume = 1;
    // 声音文件必须放在项目文件夹内的 audio 文件夹内
    Q.audio.play('soundclip.mp3');
    // 显示胜利提示窗口和游戏重新开始按钮
    Q.stageScene("endGame",1, { label: "You Won!" });
}
}
}
});
```

13.5　游戏关卡建立

在 Quintus 游戏引擎中，可以使用 scene 函数建立游戏场景。在本范例中需要建立两个游戏场景，一个是游戏进行的画面，一个是游戏结束时出现的提示画面。

❖ 游戏主场景

使用 scene 建立名为 level1 的游戏场景，分别加载地图信息、玩家角色、通关条件默认值、游戏背景音乐等内容。

```
// 游戏主场景 level1
// 一开始游戏就只执行一次
```

```
Q.scene("level1",function(stage)
{
    // 载入 TMX 场景
    Q.stageTMX("map1.tmx", stage);
    // 创建加载玩家角色
    var player = Q("Player").first();
    // 一开始设置默认通关条件为 false
    mission1 = false;
    mission2 = false;
    // 先调整音量 再播放特定音效
    Q.audio.volume = 0.3;
    // 播放特效且设置为循环播放，同时音量减半
    Q.audio.play("bgm.mp3", { loop: true, volume:0.5});
});
```

❖ **胜利窗口**

同样使用 scene 建立名为 endGame 的游戏场景，然而因为胜利窗口需要提供一个重新开始游戏的按钮，所以需要额外加载 UI 模块，先绘制一个窗口容器（container），并在窗口中加入按钮（button）和文字标签（label）。

```
// 胜利窗口 UI 画面
Q.scene('endGame',function(stage)
{
    // 绘制 UI 窗口
    var container = stage.insert(new Q.UI.Container({
    x: Q.width/2, y: Q.height/2, fill: "rgba(220,220,220,0.8)"
    }));

    // 绘制按钮在 container 窗口内
    var button = container.insert(new Q.UI.Button({
    x: 0, y: 0, fill: "#ffffff", label: "Play Again"
    }));

    // 绘制标签在 container 窗口内
    //stage.options.label 检测递回的 label 标题名称
    var label = container.insert(new Q.UI.Text({
    x:10, y: -10 - button.p.h, label: stage.options.label
    }));
```

接下来编写按下游戏重启按钮后要执行的操作，以 button.on()事件检测按钮状态。当按钮被单击时会停止所有的音乐，并且执行关卡清除（clearStages）指令清空当前画面的所有场景，

最后再重新加载游戏主画面（level1）。

```
// 当按下按钮就会重新开始游戏
button.on("click",function()
{
    // 先停止所有的音乐 避免重复播放
    Q.audio.stop();

    // 清除当前画面的所有场景画面
    Q.clearStages();

    // 重新加载 level1 游戏主场景
    Q.stageScene('level1');
});

// 设置窗口大小去容纳该窗口内的内容
container.fit(20);
});
```

13.6　加载多媒体资源

最后使用 loadTMX 方法将所有的多媒体资源加入到程序中，并建立玩家动画的播放规则。玩家动画规则先以 compileSheets 指令加载角色表的图像以及角色表的切割方式（JSON 文件），打开位于 "\范例\ch13\ch13\data" 文件夹下的 player.json 文件，查看内部的信息内容如下：

```
{"Player":{"sx":0,"sy":0,"cols":2,"tilew":50,"tileh":50,"frames":2}}
```

此数值代表角色表的切割方式，从坐标(0, 0)开始，共有两栏的图片（横的两张），每张的长宽是 50×50，共有两个影格。

```
// 载入资源
Q.loadTMX("map1.tmx, soundclip.mp3, bgm.mp3, player.json, player.png",
function()
{
    // 载入玩家动画文件
    Q.compileSheets("player.png","player.json");
```

解析完角色表后，可通过 animations 动画指令来轮流播放角色表的内容。这里声明了两个动画片段，一个是角色停留的动画（player_idel），一个是角色移动的动画（player_walk）。角色停留的动画只需要播放一张图，所以指定播放范围为第 0 张影格；角色移动的动画则指定播放范围为第 0 和第 1 张影格。

```
// 设置玩家动画组件的不同人物动画
Q.animations("Player",
{
    // 动画片段名称 : (frames 第几张图片是播放范围 , rate 播放速率 }
    player_idel: { frames:[0], rate: 1/2 },
    player_walk: { frames:[1, 0], rate: 1/2 }
});
```

最后在多媒体信息都加载完成后，才载入游戏主场景 level1。

```
// 载入完资源后才载入游戏主场景
Q.stageScene("level1");
});
```

13.7　实机测试

完成控制程序的编写后，接着就可以来看看游戏执行结果了！但请记得开发好了游戏项目，必须先链接 Quintus 游戏引擎，且要在服务器环境下才能正常运行。

❖　**文件结构认识**

在测试项目之前，必须先与大家介绍游戏项目的文件结构，毕竟在整个程序编码过程中，大家应该发现我们都没有指定多媒体资源要从哪些路径加载。那是因为 Quintus 游戏引擎已经自动指定获取多媒体资源的文件夹，所以要将所有的多媒体资源分类到适当的文件夹中，Quintus 才会自动去读取。

启动"\范例\ch13\ch13\"文件夹，可发现其中共有三个文件夹，分别是 audio、data 和 images，以表 13-2 列出了各个文件夹存放的资源。

表 13-2　文件夹内容

文件夹	内容
Audio	存放游戏所需的声音文件。
Data	存放其他外部信息，例如地图(tmx)和文本数据(json)。
Images	存放游戏所需的美术素材。

❖　**链接 Quintus 游戏引擎**

要链接 Quintus 游戏引擎，就是直接将整个"\范例\ch13\ch13"文件夹放入我们从官方下载的游戏引擎文件夹中。打开游戏项目的 HTML 文件，可以看到引用 Quintus 函数库的路径都设置在上层目录的 lib 文件夹中。

```
<script src='../lib/quintus.js'></script>
<script src='../lib/quintus_audio.js'></script>
<script src='../lib/quintus_sprites.js'></script>
<script src='../lib/quintus_scenes.js'></script>
<script src='../lib/quintus_input.js'></script>
<script src='../lib/quintus_touch.js'></script>
<script src='../lib/quintus_2d.js'></script>
<script src='../lib/quintus_tmx.js'></script>
<script src='../lib/quintus_touch.js'></script>
<script src='../lib/quintus_ui.js'></script>
<script src='../lib/quintus_anim.js'></script>
<script src='box_man.js'></script>
```

因此整个 ch13 文件夹需与 lib 文件夹在同一层的文件夹中，如图 13-10 所示。

图 13-10　整个 ch13 文件夹需与 lib 文件夹在同一层文件夹中

❖　**在服务器环境中测试**

最后，因为 Quintus 游戏引擎必须在服务器环境下才能启动，所以要将整个 Quintus 文件夹移动到文件夹 "c:\appserv\www" 下，之后再根据以下网址进入游戏，至此就可以开始玩辛苦建立的 "仓库番" 游戏啰！如图 13-11 所示。

http://localhost:8080/Quintus/ch13/index.html

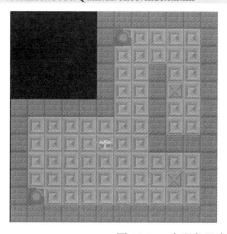

图 13-11　在服务器中测试 "仓库番" 游戏

第 14 章
游戏制作——Facebook 网络应用

脸书（Facebook）已经成为现代人生活中不可或缺的社交网站之一，因此无论是商业营销、明星名人甚至网页游戏都想要通过与 Facebook 的链接来增加能见度与知名度。在这个章节就要来教大家如何应用 Facebook 所提供的 API，将 Facebook 的功能结合到自己的程序中。

在本章中将学到的重点内容包括：

- 成为 Facebook 应用程序开发人员
- 获取 Facebook API 与权限
- 实现 Facebook 会员登录系统
- 实现 Facebook 发帖分享系统

14.1 Facebook API 下载与权限申请

相信大家已经有了使用 Facebook 上应用程序的许多经验，这些应用程序可以获取用户在 Facebook 上面的信息（生日、好友圈等），并应用这些信息进行一些有趣的构想，例如统计最常来你 Facebook 点赞的好友。

这些应用程序也是由程序开发人员所设计，而这些开发人员之所以能够调用 Facebook 的功能，是因为使用了 Facebook 发布的 API 并把它集成到自己开发的程序中，因此只要学会 API 的应用方式，具有一些程序设计的基础就能够设计出许多好玩的程序。

本章节的第一个学习重点，就是要教大家如何获取 Facebook 的 API 与密钥，这样才有权限去访问 Facebook 提供的资源。接下来将分成"开发人员注册"、"添加应用程序"、"获取 API"等三个部分进行说明。

开发人员注册

大部分人一般都有 Facebook 账号，但是你知道还有 Facebook 开发人员账号吗？除了大家熟知的 Facebook 社交群之外，Facebook 还另外开设了开发者专用的社交群，在那个社交群中可以建立属于自己的 Facebook APP，也备有 Facebook API 的程序代码支持，是 Facebook APP 开发新手的重点学习网站，所以赶紧来注册成为 Facebook 的开发人员吧！

步骤 01 进入开发者页面

首先连接到 Facebook 的开发者页面（https://developers.facebook.com/）。打开页面后，在上方的菜单栏中，有个"Apps"功能键，第一次登录时会出现"Log in"的选项，单击"Log in"后 Facebook 系统会要求用户登录，此时直接使用原有的 Facebook 账号和密码登录即可。如图 14-1 所示。

图 14-1 Facebook 的开发者主页

步骤 02 注册成为开发人员

目前只是使用普通的 Facebook 账号登录，再次返回"开发者页面"，同样选择"Apps"功能键，发现里面的选项变成"Register as a Developer"。单击后会出现"register as a facebook developer"的窗口，将开关设置改为"是"，并单击"下一页"按钮。如图 14-2 所示。

图 14-2　注册成为 Facebook 开发人员

接下来会弹出注册窗口来输入基本数据，需要输入"电话号码"，在"Get Confirmation Cobe"选择"Send as Text"，此时 Facebook 会发送一个验证码到指定的手机中，接着在"输入确认码"的地方输入收到的验证码，输入完成后单击"完成"按钮。如图 14-3 所示。

图 14-3　输入注册需要的确认电话号码

以上步骤均完成后，会出现一个窗口显示"you have successfully registered as a facebook developer. you can now add facebook into your app or website."。就表示成功注册为 Facebook 开发者，现在可以加入到 Facebook 的应用程序或网站。

添加应用程序

成为开发人员之后就可以开始建立自己的 Facebook APP 了。从上方的"My Apps"功能中选择"Add a New App"，由于 HTML5 是网页格式，所以选择"Website"，接着进入 Website 专用的添加 app 页面。如图 14-4 所示。

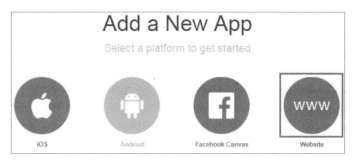

图 14-4　添加应用程序

步骤 01 输入 APP 名称

在输入框内输入 app 名称，可自由命名（例如：test）。输入完成后单击"Create New Facebook App ID"。如图 14-5 所示。

图 14-5　输入 App 名称

步骤 02 选择类别

接下来会进入"Create a New App ID"的窗口，在"类别"的下拉菜单中是让开发人员选择这个 APP 的分类。在这里先单击"选择一个类别"下"引用"当作示范，选择完毕后，单击"Create App ID"。如图 14-6 所示。

图 14-6　选择应用程序的类别

步骤 03 记录密钥

画面中出现一段 JavaScript 程序代码，此段程序代码是我们的网页能够加入 Facebook API 的关键，也就是设置 Facebook SDK 的方法，请将此段程序代码复制下来并保管好，未来在开发网页时必须将此段程序直接粘贴到<script>标签中。然而请注意，里面有个称为"appId"的信息，这就是您这个 app 的密钥，请妥善保存，如图 14-7 所示。

```
<script>
  window.fbAsyncInit = function() {
    FB.init({
      appId      : '1744581259099382',
      xfbml      : true,
      version    : 'v2.2'
    });
  };

  (function(d, s, id){
    var js, fjs = d.getElementsByTagName(s)[0];
    if (d.getElementById(id)) {return;}
    js = d.createElement(s); js.id = id;
    js.src = "//connect.facebook.net/en_US/sdk.js";
    fjs.parentNode.insertBefore(js, fjs);
  }(document, 'script', 'facebook-jssdk'));
</script>
```

图 14-7　app 对应的密钥

步骤 04 设置网址

接下来的窗口要求输入个人网站的网址。若建立了个人的服务器，请输入服务器的固定 IP 地址。若只是想在本机（localhost）进行测试，则在网站 URL 和移动网站的网址都输入 "localhost:8080/test"。输入完成后，单击"下一个"按钮即完成应用程序的添加操作。如图 14-8 所示。

图 14-8　设置个人网站的网址和移动网站的网址

获取 API

设置网址完成后，画面下方会出现四个方形按钮，从这些按钮可以快速前往"分享"、"登录"、"社交插件组件"和"广告"等 API，如图 14-9 所示。直接获取程序代码后粘贴到自己的网页程序中，就可以成功链接 Facebook 功能了。

图 14-9　获取 Facebook 的 API

至于该怎么启动 Facebook 功能呢？我们跟着开发页面所提供的测试步骤来练习看看吧！

步骤01 进入开发文件

从开发者页面上端的"Docs"链接进入 API 的说明文件，可以发现所有 Facebook 的功能在这里都有介绍。我们选择左方的"Web"来练习怎样制作一个登录按钮（Login Button）。如图 14-10 所示。

图 14-10　选择"Web"来练习制作一个登录按钮

步骤02 获取范例程序代码

在 Quickstart 的部分，Facebook 就提供了登录按钮的范例程序，如图 14-11 所示，请直接复制下来另存为 HTML 文件，文件名取为 login.html。

```
</head>
<body>
<script>
  // This is called with the results from from FB.getLoginStatus().
  function statusChangeCallback(response) {
    console.log('statusChangeCallback');
    console.log(response);
```

图 14-11　获取 Facebook 登录按钮的范例程序

步骤03 更改 appId

在范例程序代码中，必须把 appId 修改成在前面步骤所记录的密钥。必须输入个人专用的密钥，Facebook APP 才能正常运行。需修改之处，如图 14-12 所示。

```
window.fbAsyncInit = function() {
FB.init({
  appId      : '{your-app-id}',
  cookie     : true,  // enable cookies to allow the server to access
                      // the session
  xfbml      : true,  // parse social plugins on this page
  version    : 'v2.1' // use version 2.1
});
```

图 14-12　把红框处更改为之前记录的 App 密钥

步骤 04 移入本地服务器

密钥修改好后直接保存程序，并把整个 html 文件移到"C:\Appserv\www\test"文件夹下，之所以要保存在 test 文件夹下，是因为我们在创建 APP 的时候，将网址设置为"localhost:8080/test"，若您在网址的地方并不是输入 test，就请自行给文件夹命名。

步骤 05 执行范例

完成密钥的设置并把 html 文件移入本地服务器的文件夹之后，就可以正确地执行范例了。请输入网址（http://localhost:8080/test/login.html），执行后可以看到浏览器中出现了 Facebook 的登录按钮，单击按钮，看功能是否正常，单击后竟然弹出了常常见到的 Facebook 登录画面，如图 14-13 所示，Facebook API 实在是太方便了！

图 14-13　执行登录 Facebook 的示范程序

14.2　Facebook 会员登录按钮

从 Facebook 开发人员页面所提供的范例，已经可以帮助我们理解大部分 Facebook API 该如何使用。在这个章节中将从"会员登录按钮"这个范例，了解一下 Facebook API 的运行模式，以便逐渐掌握 Facebook API 的全貌，未来有自行开发需求时才可以应用自如。

请打开"\范例\ch14-2"，此程序为参考"会员登录按钮"范例所修改，其中加入了中文说明可以帮助读者了解每段函数所代表的意义。接下来就将整个范例分为"JavaScript"与"HTML"部分进行介绍。

JavaScript 部分

Facebook API 的调用集中在<script>标签内，也就是由 JavaScript 语句所构成。以下分别对每段函数进行简要说明，帮助大家了解 Facebook API 的运行。

❖　初始化 Facebook SDK

此 SDK 是在创建 APP 时附上的程序片段，内容包含设置四项参数。参数 appId 必须输入个人申请的 APP 密钥；参数 cookie 代表是否启用 Cookie 允许服务器访问 Session；参数 xfbml 代表是否在该网页上启用社交插件来解析；参数 version 代表指定本文件所使用的 Facebook SDK 版本。

```
window.fbAsyncInit = function() {
    FB.init({
    appId : '565508043585444', // 你申请的 APP ID
    cookie : true, // 启用 Cookie 允许服务器访问 Session
    xfbml : true, //在该网页上启用社交插件来解析
    version : 'v2.2' // 使用 Facebook SDK v2.2 版本
  });
};
```

❖　异步加载 Facebook SDK

因为是在线加载 Facebook SDK 的内容，所以不需在文件中另外附上 Facebook API 的函数库。

```
(function(d, s, id) {
    var js, fjs = d.getElementsByTagName(s)[0];
    if (d.getElementById(id)) return;
    js = d.createElement(s); js.id = id;
    js.src = "//connect.facebook.net/en_US/sdk.js";
    fjs.parentNode.insertBefore(js, fjs);
}(document, 'script', 'facebook-jssdk'));
```

❖　确认登录状态

调用 Facebook SDK 的 Facebook.getLoginStatus 函数，获取该用户是否连接过该程序的状态等数据，确认状态后将信息返回给函数 statusChangeCallback 判断。

```
function checkLoginState()
{
    FB.getLoginStatus(function(response)
    {
        // 把返回值(JSON)给予 function statusChangeCallback 判断
        statusChangeCallback(response);
    });
}
```

❖ **按登录状态选择登录模式**

程序会按照用户的计算机环境决定要选择哪一种登录模式。如果用户已经登录过当前的 APP(connected)，则直接进入 APP 内容；如果用户在计算机上登录过 Facebook，但还没进入过当前的 APP(not_authorized)，则显示"同意授权"页面，询问用户是否同意连接到此 APP；如果使用过该 APP 但在当前计算机上还没登录 Facebook，则出现 Facebook 登录提示。

```
function statusChangeCallback(response)
{
    // 显示返回值信息于控制面板内容内
    console.log('statusChangeCallback');
    console.log(response);

    // 如果已连接上了该 APP
    if (response.status == 'connected')
    {
        testAPI();
    }

    // 如果已在其他地方登录，但未连接过该 APP
    else if (response.status == 'not_authorized')
    {
        // 显示信息在 id 名为 status 标签内
        document.getElementById('status').innerHTML = ' 请同意授权 '+
        ' 连接到该 APP';
    }

    // 如果该用户没有连接该 APP 或没登录 Facebook 会员
    else
    {
        document.getElementById('status').innerHTML =
        ' 请登录 '+'Facebook';
    }
}
```

❖ **获取公开信息**

当用户同意授权后，执行函数 testAPI()。此函数会调用 Graph API 来获取用户的基本公开信息。公开信息将被存储为 JSON 格式进行传输。

```
function testAPI()
{
```

```
//GET /{user-id}/permissions
console.log(' 欢迎 ！ 读取会员资料中 .... ');
// 获取该会员的公开基本资料
FB.api('/me', function(response)
{
        console.log('Successful login for: ' + response.name);
        document.getElementById('status').innerHTML =
        'Thanks for logging in, ' + response.name + '!';
        // 先把这 json 对象 转换为 json 格式字符串
        var strJSON = JSON.stringify(response);
        //alert(strJSON);
        // 再把这 json 字符串 转换为 json 对象
        var obj = JSON.parse(strJSON);

        alert(strJSON);
    });
}
```

这里补充说明一下什么是 Graph API。Graph API 是 Facebook 所提出的一种技术标准，主要用来保存"对象与链接"的概念，如果学过数据库系统的话，可以把这个技术当作一种"关系数据库"的表达方式。

一名 Facebook 的用户，在 Facebook 下可能连接的信息有"照片"、"好友"、"点赞"、"追踪"等等，而 Graph API 就是记载每位用户与这些信息的链接关系，所以只授权 APP 具有调用 Graph API 的权限，这个 APP 就可以获取用户的个人资料。以上述的程序代码为例，这个 APP 就通过 response.name 获取登录者的姓名，所以在登录后画面会显示"Thanks for logging in，你的名字!"。

在 Graph API 中可以查询到一个用户所有的关联信息，在"没有授权"的情况下，可以获取以下用户资料。因此，先前闹得沸沸扬扬的 Facebook 资料外泄事件，就是因为任由 Facebook APP 获取 Graph API 信息权限而引发的。

```
{
    "id": "100000274813214",
    "name": " 张小明 ",
    "first_name": " 小明 ",
    "last_name": " 张 ",
    "link": "https://www.facebook.com/xxx",
    "username": "xxx",
    "gender": "male",
    "locale": "zh_TW"
}
```

HTML 部分

HTML 部分仅有短短的两行程序代码，它们是用来声明"登录按钮"标签的，并指定当此按钮按下时执行函数 checkLoginState()。按钮中有一个 scope 属性，其内容为 Facebook 会员登录的授权选项所要求的信息，此 APP 将向用户要求提供 public_profile（用户的公开信息）、email（用户电子邮件）、user_friends（用户的好友名单）等信息。

```
<fb:login-button scope="public_profile,email,user_friends"
                 onlogin="checkLoginState();">
</fb:login-button>
```

14.3　Facebook 发帖分享

在 Facebook 中最重要的功能就是"点赞"与"分享"。Facebook 迷人之处就是可以将自己的生活信息帖到社交空间中，并通过 Facebook 提供的互动功能获得他人的认同与宣传，串连成庞大的社交群。

所以在学会怎么制作 Facebook 登录按钮后，下一个就来试看看"发帖分享"的功能该如何实现吧！请打开"\范例\ch14-3"，同样分为 JavaScript 与 HTML 两部分进行说明。

JavaScript 部分

❖　Facebook SDK 初始化与加载

在 JavaScript 部分的一开始，一定是先执行 Facebook SDK 的初始化与加载。后续再处理其他功能的运行。

```
// 初始化 Facebook SDK
window.fbAsyncInit = function()
{
    FB.init({ : '373216942849423', // 你申请的 APP ID
        appId
        cookie : true, // 启用 Cookie 允许服务器访问 Session
        xfbml : true, //在该网页上启用社交插件来解析
        version: 'v2.2' // 使用 Facebook SDK v2.2 版本
    });
};
// 异步加载 Facebook SDK
(function(d, s, id)
{
```

```
        var js, fjs = d.getElementsByTagName(s)[0];
        if (d.getElementById(id)) return;
        js = d.createElement(s); js.id = id;
        js.src = "//connect.facebook.net/en_US/sdk.js";
        fjs.parentNode.insertBefore(js, fjs);
}(document, 'script', 'facebook-jssdk'));
```

❖ **主程序 testAPI()**

分享功能的运行则编写在主程序 testAPI()中，共可分为"分享信息设置"与"分享结果显示"两大部分。

● 分享信息设置

分享信息设置主要使用 Facebook 的 UI 来实现，UI 中包含多个参数，可以决定分享的信息内容。参数 method 用来指定目前所要发布的信息种类，feed 代表以用户的身份分享动态消息；参数 name 代表这条动态消息的标题；参数 link 代表动态附加的链接网址；参数 picture 代表此消息的缩略图来源；参数 caption 代表此消息的说明文字；参数 description 代表此消息的描述文字。

```
//Facebook 会员发送详细的动态消息分享

FB.ui({

method: 'feed', // 动态消息
name: ' 这是测试 OK?', // 标题

link: 'http://www.gamer.com.tw/', // 链接网址

picture: 'http://i2.bahamut.com.tw/baha_logo5.png', // 图片网址
caption: ' 测试 ', // 说明

description: ' 我只是个路过的测试贴文 !' // 描述

},
```

关于 FB.ui 的参数 method，另外还有多种参数可以设置。例如"share"分享链接，"share_open_graph"分享图片等，选用不同的方法将需要使用不同的参数设置。更多的信息，可以到 Facebook 开发人员页面中搜索"JavaScript SDK"下的"Quickstart"。

使用参数 feed 可以通过用户的身份来分享信息，若使用参数 share，则只是简单地调用分享"链接"窗口，不会获取用户信息，如图 14-14 所示。可以从范例中单击"share"按钮和"自定义 Facebook 分享"按钮这两者来进行比较，"自定义 Facebook 分享"按钮是使用参

数 feed 设计的，因此会加载用户信息，如图 14-15 所示。

图 14-14   使用"share"按钮

图 14-15   使用"自定义 Facebook 分享"按钮

- 分享结果显示

配合 FB.ui 一起出现的参数 response。此功能可通过 Facebook 返回的 response 状态判断贴文是否成功。若贴文成功，则出现"贴文 id"的文字提示；若贴文失败，则出现"facebook 分享失败！"的提示。

```
function (response)
{
    // 贴文成功
    if (response && response.post_id)
    {
        alert(' 贴文 ID:'+response.post_id);
    }
    // 贴文失败
    else
    {
        alert("facebook 分享失败 !");
    }
}
```

HTML 部分

在 HTML 部分示范了两个按钮，其一个是通过 Facebook 的 SDK 加入的按钮，这种按钮就是我们在 Facebook 上常见的形式；另一种则是自定义的一个按钮，用来启动分享功能。

❖ **Facebook SDK 按钮**

只要将以下的程序代码贴到<body>标签中，就可以在页面里加入"like"和"分享"按钮，这些按钮会自动带出"点赞"和"分享"的功能窗口。

```
<div
    class="fb-like"
    data-share="true"
    data-width="450"
    data-show-faces="true">
</div>
```

❖ **自定义按钮**

另外范例中使用<input>标签设置了一个基本按钮，由于此按钮被单击后会执行函数 testAPI，所以除了启动分享窗口之外，也会将我们在函数 testAPI 中所设置的参数自动带入。

```
<input type="button" id="status" value=" 自定义 Facebook 分享 !"
    onClick="testAPI();"/>
```

第 15 章
HTML5 游戏的上线分享

　　HTML5 是基于 Web 技术的延伸，不像是 app 一样有独立的开发系统（例如 Android 的 java 或 iOS 的 Xcode），因此无论是在哪一种设备上，只要有浏览器就可以启动，所以 HTML5 游戏又号称具备"跨平台"的优势。但也由于 HTML5 游戏不是 APP，所以不需经历上架到 APP 商店的过程，只要将开发好的游戏架设在云端服务器，就能轻松分享给全世界的人玩。

　　在本章中将学到的重点内容包括：

- 学习用 Google 免费资源架设游戏网站
- 使用二维码分享游戏网址

15.1　Google 云端存储架设游戏网站

HTML5 游戏与 APP 的架构不同,是基于 Web 技术开发的程序,因此在前面章节所建立的游戏,其实都是一个个的网页文件。既然是网页文件的话,只要上传到 Web 服务器上就能轻松将游戏分享出去,不需要像发布 APP 一样还要注册成开发人员、经历软件审核等步骤,玩家也不用经过安装、更新等程序,"免费"和"快速"以及"跨平台"就是学习 HTML5 游戏开发的最大优势。这里将与大家分享如何应用免费的 Google 云端存储架设简易的游戏服务器。

Google 云端存储架站的限制

通过 Google 云端存储架设个人服务器具备免费、方便的优势,但也要注意因为在云端存储上无法架设 SQL、PHP 等系统,所以仅能上传纯粹的网页,没办法执行具有"数据库"后台的系统,也没办法设置网域,就纯粹是个网页文件的存放空间。

但对于 HTML5 游戏而言,这样的功能就已经能够满足大部分的使用需求。因为以 HTML5 开发的游戏就是通过 HTML、CSS 与 JavaScript 所组成,在不需要额外插件的情况下,在 Google 云端存储就已经能正常运行了。

Google 云端存储架设网站的步骤

接下来就请大家跟着架设网站步骤,开始实现将游戏上线分享的梦想吧!

步骤 01 登录 Google 账号

既然要使用 Google 的服务,当然一定要先拥有一个 Google 账号。若您还没有账号的话,请链接到 Google 的首页(www.google.com),从右上角的登录进入 Google 账号页面,注册一个新账号。如图 15-1 所示。

图 15-1　到 Google 主页注册一个账号

步骤 02 进入云端存储

登录 Google 账号后就可以享受 Google 所提供的多种在线服务。这里我们要从"应用程序"中选择"云端存储",或者输入 Google 云端的网址(https://drive.google.com/)。

进入云端存储后,左侧有个"建立"的选项,单击后从下拉菜单中建立一个新"文件夹"。文件夹名称可自由命名,这里取名为"host"进行示范。如图 15-2 所示。

图 15-2 进入 Google 云端存储，建立新的文件夹

步骤 03 设置共享

由于云端存储是私人空间，如果上传的游戏要分享给其他人玩的话，就要将这个文件夹的权限设置为公开。设置方式先将鼠标移到刚刚建立的文件夹上，单击鼠标右键后从出现的菜单中选择"共享>共享"。如图 15-3 所示。

图 15-3 将刚才新建立的文件夹设置为共享

接着在"与他人共享"的设置窗口中，从右下角的"高级"来变更这个文件夹的访问权限。如图 15-4 所示。

在"共享设置"窗口中变更当前文件夹的访问权限，先单击"变更..."，接着将浏览权限设置为"公开在网络上"，让所有知道链接的人都有读取的权限。如图 15-5 所示。

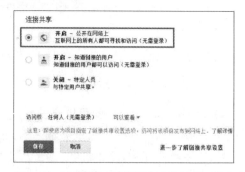

图 15-4 选择"高级"选项去设置文件夹的访问权限　　图 15-5 将浏览权限设置为"公开在网络上"

设置完成后，就会看到"拥有访问权的用户"，已经变更成"公开在网络上"，也就是网络上的所有人都可搜索并查看到，代表你的游戏文件夹已经可以被所有想玩游戏的人找到了。如图 15-6 所示。

图 15-6　完成设置为"公开在网络上"

步骤 04　上传游戏

接下来就准备将游戏文件上传到云端存储上。请直接把先前的 HTML5 游戏文件夹拉入我们所建立的"Host"云端空间中。如图 15-7 所示。

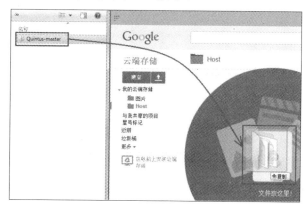

图 15-7　上传游戏到 Google 的云端存储

步骤 05　取得链接

文件上传完成后，到"刚刚上传的游戏文件夹"上单击鼠标右键，调出选单中的文件夹共享设置。将"共享链接"中的文件代码复制下来。如图 15-8 所示。

图 15-8　获取文件夹的共享链接

所谓文件代码就是链接"id="之后的字符串。

id=0B9k_zDAp9KVoN3ctbzFRb3Z6NEE

接下来将刚刚复制的文件代码，接到以下网址后面，这个网址才是可以共享给别人进行游戏的网址。若直接使用"共享链接"里的网址，则只能让其他人下载文件，无法在 Google 云端直接执行游戏。

https://googledrive.com/host/你的文件代码

步骤06 运行游戏

到目前为止就已经完成 HTML5 游戏上线分享的操作了，请把你的游戏网址贴到浏览器中，只要上传的游戏文件夹中包含 index.html，网页就会直接运行程序，若文件夹下没有 index.html 的话，则会以浏览文件夹的模式启动，请特别注意。

可以输入以下两个链接来比较一下差异，如图 15-9 所示：

❖ **文件夹下包含 index.html**

https://googledrive.com/host/0B4nkqm9G2lvddUZYQmVzYWRja0E

❖ **不包含 index.html**

https://googledrive.com/host/0B9k_zDAp9KVoN3ctbzFRb3Z6NEE

包含 index　　　　　　　不包含 index

图 15-9

15.2　使用二维码分享网址

虽然分发先前建立的网址就可以将游戏分享给其他朋友来玩，但每次都要输入这样一长串的网址也实在是太累人了，更何况我们是"跨平台"的游戏，当然在移动设备上也要能够方便运行游戏才行。为了解决这个问题，本章节将要教大家通过"二维条形码"（简称"二维码"）以及在手机中将"常用网页"加入至 Android 与 iOS 桌面的技巧，让 HTML5 游戏在移动设备中也能轻松运行。

二维码

为了让使用移动设备的玩家能够轻易地链接游戏，我们可以把上一个步骤得到的游戏链接转换成二维码，如此一来玩家只要使用手机中的二维码读取器就可以连到游戏，不必再输入一长串的网址。当前网络上已有许多 QR Code 条形码产生器可以使用，可以自行上搜索引擎搜索，或是跟着本书所用的产生器（http://qr.calm9.com/tw/）进行练习。

步骤 01 进入 QR Code 条形码产生器

进入 QR Code 条形码产生器网页（http://qr.calm9.com/cn/），在"链接"的标签中，直接将游戏网址贴入到"网址"栏里，其他项目都不需设置，选择"产生条形码"。如图 15-10 所示。注：图中"连结"应该为"链接"，网站翻译的问题。

图 15-10　用网上的 QR Code 二维码生成器为链接生成二维码

步骤 02 分享二维码

接着在画面的左上角就会产生一组二维码，这个条形码就是您上传的游戏专用的 QR Code，赶紧拿起移动设备扫描一下吧，马上就可以启动浏览器进入游戏了，而且无论是 Android、iOS 或 Windows 的操作系统，通通都能够正常运行，是不是开始有常见游戏 APP 启动时的感觉了呢？如图 15-11 所示就是这个游戏链接的二维码。

图 15-11　用二维码生成器为游戏 App 链接生成的二维码

加入桌面

虽然有了二维码，已经让移动设备的用户方便了许多，但如果每次启动游戏都要扫一次二维码，也是会让玩家渐渐丧失耐心的。由于 HTML5 游戏只是网页程序，并没有办法"安装"到手机中，所以只能参考 Web app 的做法，请玩家将游戏网页设置为手机"桌面"上的快捷键，来达到方便读取的目的。

在 Android 系统与 iOS 系统中的浏览器，提供了将常使用的网址建立成"书签快捷方式"，这个快捷方式可以直接把应用程序"钉选"在手机桌面上，并且拥有自己的图标，因此感觉就像手机中的一个 app 一样，之后单击图标就可以直接链接游戏了，当然前提是一定要有网络连接才可以进行游戏。

接下来就来示范如何将常用的网页加入到主画面上，这里以 iOS 系统为示范，不过其实每部手机的操作原理都是差不多的。

步骤 01 连到游戏网页

首先一定要先使用浏览器连接到游戏的网页，可以通过扫描游戏的二维码进入游戏。接着在浏览器中启动"功能栏"，每个浏览器的启动方式不同。接着在功能栏单击"+"号，在 iphone 中叫"加入主画面"，在 android 中则是选择"添加到主画面"。如图 15-12 所示。

图 15-12　将"通过扫描二维码进入游戏"过程的快捷化

步骤 02 设置信息

接着可以设置在桌面上要显示的图标与名称。图标的部分会由手机自行截图，开发人员可以在程序代码中加入指定图标的指令，这样当玩家用手机将游戏网页加入快捷方式时，就可以显示正常的图标；名称的话则可以自行命名。如图 15-13 所示。

最后回到桌面上，就可以看到添加了一个图标，单击该图标就可以直接从浏览器中启动游戏，是不是就像真的游戏 app 一样了呢？

图 15-13　将游戏加入手机主画面并给游戏图标命名